奇妙数学的100个重大突破

maths in 100 key breakthroughs

（上册）

[英] Richard Elwes 著
齐瑞红 译
马可 审

人民邮电出版社
北京

图书在版编目（CIP）数据

奇妙数学的100个重大突破. 上册 / (英) 埃尔威斯
(Elwes,R.) 著 ; 齐瑞红译. -- 北京 : 人民邮电出版社,
2015.7 (2019.8 重印)
（爱上科学）
ISBN 978-7-115-38890-2

Ⅰ. ①奇… Ⅱ. ①埃… ②齐… Ⅲ. ①数学－普及读
物 Ⅳ. ①01-49

中国版本图书馆CIP数据核字(2015)第101036号

版权声明

◆ 著　［英］Richard Elwes
译　齐瑞红
审　马　可
责任编辑　李　健
执行编辑　周　璇
责任印制　周昇亮

◆ 人民邮电出版社出版发行　北京市丰台区成寿寺路 11 号
邮编　100164　电子邮件　315@ptpress.com.cn
网址　http://www.ptpress.com.cn
北京虎彩文化传播有限公司印刷

◆ 开本：889×1194　1/20
印张：10.6　2015 年 7 月第 1 版
字数：336 千字　2019 年 8 月北京第 6 次印刷

著作权合同登记号　图字：01-2014-1610 号

定价：59.80 元

读者服务热线：(010)81055493　印装质量热线：(010)81055316
反盗版热线：(010)81055315
广告经营许可证：京东工商广登字 20170147 号

内容提要

数学无所不在，它是日常生活中不可或缺的部分，并支撑着世界上所有的基本规律，从美丽的大自然到令人惊讶的对称性技术，无不推动着未来的发展。虽然数学的基本逻辑同宇宙一样古老，但人类直到近代才理解这个复杂的学科。那我们是如何发现数学理论并飞跃发展的呢？

《奇妙数学的 100 个重大突破（上册）》将告诉读者数学领域的 100 个重大突破中的前 50 个。书中以故事的形式，讲述你最需要知道的且最重要的数学基本概念。从数学最初的“生命火花”——计数来探索我们的进步，通过古老的几何形状、经典悖论、逻辑代数、虚数、分形、相对论和形态弯曲等难题，淋漓尽致地为大家展示了奇妙的数学世界。本书分为上册和下册，方便读者阅读。上百张精美的照片和富有启发性的图表，将为你展示数学这门极为重要学科的 100 个里程碑，以及如何深远地影响我们的生活。每个故事都是 4 页，其中 1 页全彩图，3 页文字内容，结构清晰明了。

引言

数学是一门永恒的学科。历史学因时代不同或地域差别而千变万化，艺术品位因文化差别和个人喜好而千差万别，但是数学不会因朝代更迭或个人喜好而有任何变化。无论你是古巴比伦的一位牧羊人还是 21 世纪的计算机高级编程师，一加一永远等于二。当然，科学的许多分支都具有这样不变性。毕竟，在过去的几千年里，人体结构变化甚微；在地球表面各处，同一物体所受的引力也几乎是相同的。但是，数学理论的稳固性则是更深层次的。设想若有外星物种的存在，它们的生物学一定与我们不同。我们甚至可以设想它们所遵循的物理定律与地球上所遵循的物理规律大相径庭，可机理是一致的。但是，我们很难想象一个 1+1=3 的世界！数学不仅是正确的，而且还是必然的。

当然，我们的祖先不是从沼泽地爬出来就天生掌握了数学。数学发现是在某些特定的历史时刻才有所突破；新的技术是由某个特定的人物发明。对于这整个学科的开端——计数更是如此，这种计数能力出现在人类进化史上的一个特定的阶段。

发展历程

数学是怎样发展的呢？如果将数学的发展看作一张常规的图腾，那图腾的作者定是一位孤独又睿智的学者。他以与时俱进的笔法把各门学科融会贯通，并发现一些隐藏其中的出乎意料的科学真理。正如著名数学物理学家艾萨克·牛顿所言：“如果说我看得更远，那是因为我站在巨人的肩膀上。”

本书中描绘的许多数学上的重要突破当然离不开几位耀眼的数学家所做出的努力和他们的敏锐洞察力。而且，所有的这些突破性成就不是凭空而出的，而是建立在早期思想家的想法之上。我认为把每一个突破看成是数学发展道路上的一座里程碑，这是一个很好的想法。为此，我努力把每个突破放在合适的背景中，讲述问题的原始出处以及研究者为解决问题所付出的努力，还有对后世的影响。

数学的黄金期

数学的发展可分为以下几个阶段：古希腊的毕达哥拉斯时期，这时的数学被注以神秘的宗教色彩；印度天文时期，它为我们如今所熟知的数值系统奠定了基础；阿拉伯翻译时期，

阿拉伯人收集了几乎此前所有的数学知识。欧洲的启蒙运动开启了学术界的新纪元，它开创了一些新的研究方法，将各个领域都推向了一个新的阶段，尤其是数学的发展，更是进入了一个黄金时期，我们至今深受其益。

由于世界各地的学校与大学的普及，特别是计算机的发明和广泛应用，使互联网在整个科学技术革命中起着不容小觑的作用。如今的数学家们都在运用高科技进行科学研究、教学及推广工作。这使得数学日趋全球化，数学的发展也达到空前的高度，人们的交流与合作比以往任何时候都更加有效。

与此同时，人类对数学的需求也日益增加。20 世纪初，随着相对论与量子力学的发展，使得更高级的数学研究能力及更深层次的科研能力成为对天体力学深入研究所必不可少的先决要求。同样的要求，在生活的其他领域也有。例如，政治和经济领域都蕴含着大量的数据，这就需要大量的概率专家、统计人员和风险评估专家等；另外，计算机科学的飞速发展，也是由于 20 世纪初，数学的另一个科学分支——数理逻辑的出现。艾伦 • 图灵以及其他的研究者一直致力于此。就连最令人深思的问题：计算机的终极能力是什么？什么是计算机无法逾越的？都将归为数学问题。

数学的未来

当今是数学发展的黄金时期。本书将会告诉读者，我们是如何逐步到达这一高峰的。然而，数学的明天又会是怎样？这里，我们将给出一些预测：数学将会对更多的科学观点和社会现象作出合理的解释，数学将会有越来越多的学科分支，而一些分支将会得到意想不到的应用；数学、物理、计算机科学与其他科学领域间的界线越来越模糊，与此同时，大量先前被人们认为不可能解决的难题将会被难以预料的技术方法轻易地解决。当然，所有的这些都会吸引新一代的思想家来处理。

目录

1 计数的发展

突破：简单的计数技能存在于各种动物之中——从鸟类、蜜蜂到猕猴、黑猩猩。

奠基者：在研究人类的“近亲”时，可以发现，我们的祖先使用计数已有数百万年。

影响：当动物认知专家研究其他物种是否与人类具有同样的数学能力的时候，人类数学家们在致力于自己的专题。

数学是人类文明发展的产物之一。就如水母、长颈鹿、寒鸦等动物在生态系统中，逐渐找到有利于它们生存的最优策略一样，人类拥有的高度的智慧和先进的知识，为他们提供了强有力的武器来应对来自各方的敌人。其中，抽象逻辑思维能力与计数能力是这一认知理论体系的一部分。数千年来，这一技能逐渐演化成几何体和数论并为世界上各个学科的发展奠定了基础。

虽然我们无法考证人类何时首次使用计数，但是我们可以通过动物对数字的反应寻找到一些有趣的现象，从而解释我们祖先对数字计算能力的变化。如2010年，杰西卡·凯特朗和伊丽莎白·布兰农对两个名叫 Boxer 和 Feinstein 的猕猴做了一些简单数字加法与数字组合的实验。两只猕猴可以在屏幕上把不同的数点组合起来做加运算，并能选出正确的和数，Boxer 和 Feinstein 回答的准确率高达76%，远远高于靠瞎猜所得的正确率，也仅比在校大学生的正确率94%稍低一些。有趣的是，当选项的数字相近时，人和猴子都会花更长的时间来回答（例如，11和12）。简直无法想象猴子在进行算术运算时也需要花费时间进行思考！

左图： 实验表明，蜜蜂可以对小的数进行抽象推理，在心中将不同的模式联系在一起。这些模式包含相同数量的元素，最多4个。这是记忆食物源的路线的有用技能。

数学符号

若要具备高等数学能力首先需要有某种表达方式来描述数学语言与数学符号，一般都认为只有人类才具备这种能力，然而在1993年，通过对一只名叫 sheba 的黑猩猩进行实验后证实这一观点是错误的。黑猩猩与人类的“亲缘”关系最近，但是这两个物种早在四百万年前就已分离开。近几年来，灵长类动物学家沙拉·波伊森训练 sheba 认识与数字符号相关联的 0 到 9 的食物，结果就如人类儿童一样，sheba 成功学会了数学符号，sheba 能够顺利地在标有相应食物量的数字符号之间来回合理的移动。有时候它竟能够掌握纯数学符号的计算，例如能够理解 4+2 等于 6。波伊森对黑猩猩进行的实验说明了动物与学前儿童一样，也有认识和运用数字符号的能力。

黑猩猩与学前儿童一样具有认识和运用数字符号的能力。

鸟类与蜜蜂中的算术

也不仅仅只有灵长类动物才会计算。2009 年，汉斯和他的同事就蜜蜂的视觉模式对数字的反应进行了实验研究。蜜蜂的表现非常惊人，它们能数出 4 种不同元素的图案。这种技能，使它们用来记住食物的来源。最有名的动物的认知实验之一是心理学家艾琳·派博格花了 30 年的时间训练一只来自非洲名叫艾利克斯的鹦鹉，由于它的聪明和对英语的掌握，艾利克斯逐渐出名。它除了可以记住词汇表中大约 150 个单词外，还能数 6 个临近数字，并进行简单的算术，而这一过程竟和人类无异！在数学思维领域中最有意义的发现是艾利克斯也能够描述同一数字的三种不同方式：符号（如数字 6）、实物（如 6 个对象的集合）和声音（数字 6 的读音）。

最近的研究表明，艾利克斯非凡的成就并非没有先例。其实，一些鸟类也能够比较两个数之间的大小，判断出那个更大。在 2007 年，凯文·伯恩斯和杰森·劳做了一个关于新西兰知更鸟赶粉虱入洞的实验。知更鸟面临的挑战是计算蠕虫的数量，然后选出蠕虫最多的那个洞。因此，它们能够判断出 0 与 2 谁大谁小就不足为怪了。然而鸟类的智力与记忆最多也只达到数字 11 和 12。学者认为这一技能是由它们的囤积行为使然。当知更鸟发现食物时，它们都会彼此隐瞒所得的食物，并试图袭击它人的食物储备。在这一“斗智”过程中，计算食物数量能力的提高也就可以理解了。

遗传与环境

一个有趣的问题是：数学思维能力是与生俱来的，还是像艾利克斯会使用语言那样，仅仅靠后天学习而获得？一项观察实验告诉我们，即便是幼鸟，对数字号码也有最基本的认知。2009 年，罗莎 • 鲁佳妮做了一个实验，他们在幼鸡的巢穴中放入小鸡大小的黄色球，然后饲养小鸡三四天，使小鸡和黄色球之间建立起感情。然后，将这些小球被分别放在两个玻璃屏后，而幼鸡只能从屏后观察“玻璃墙”外滚动消失的小球。为了判断哪个屏后藏的小球多，幼鸡需要仔细观察每个屏后滚动消失的小球，并记下对应数量后进行比较——幼鸡在对这组数字进行比较时，已经看不到这些小球了。一旦打开“玻璃墙”，幼鸡就会跑向藏球较多的那个屏。

接下来的实验是为了研究幼鸡的简单计算能力。研究人员事先从总的小黄球中取出一部分，使得取出的这部分球在两个屏幕间来回滚动。此时，幼鸡为了判断哪个屏幕后藏的球数多，就不得不对它记下的数字进行加减运算。尽管，实验之前没有对幼鸡做过任何计数算法的训练，它们却能够在获得自由后，很快地奔向球多的那个屏幕！

上图：在实验中，新西兰的知更鸟展示出具有辨别数字 1 ~ 12 的能力。

2 计数签

突破：在用来计数的所有工具中，计数签代表人类第一次象征性地描述数字。

奠基者：计数签由旧石器时代打猎、采摘的人使用。我们已经掌握的使用计数签的最早证据可追溯到约公元前 3500 年。

影响：这些简单的史前工具标志着数学的开始。

虽然好多种动物都有能力对数字进行推理，但只有人类做出了从脑力数数到象征性地表示数字的这一关键性转变。史前数学的证据主要是计数签：刻有槽口的木条或骨头用来帮助人们记录数字。

数学的最早考古证据是“莱邦博骨”，在南美斯威士兰的群山中发现。“莱邦博骨”是一只狒狒的腿骨，上面仔细地刻有 29 个槽口。这一数字表明这根骨头可能作为一个简单的阴历日历。其实，它的设计相似于今天由纳米比亚的布须曼人使用的日历棒。也许，它是一种用来追踪一个阴历月的工具，或者用来计算女性生理周期的天数。

莱邦博骨

无论“莱邦博骨”的确切用途是什么，却很明确地证实了这根骨头是用来帮助计数的工具。这根骨头的主人已经为真正的数学迈出很有必要的一大步：将数用固定的物理形态表示，而不是暂时地保存在大脑中。“莱邦博骨”的年代是约公元前 3500 年，这使它的创造者成为一个用进化的术语来说的现代人，且使第一次真正文明提前到来。这次文明是随着农业的发展，越来越多的人定居下来而形成的。直到新石器时代，约 10 000 年前，这个农业文明才开始。这个文明给予了人类社会的稳定性和一定的组织结构，为后来出现的创新，如写作、制造陶器和车轮等技术提供了可能。可是，“莱邦博骨”的旧石器时代的主人对此一无所知。他或她只是一群打猎、采摘者的一员，靠当地的野生动物生活。他们是高度流动的，随着季节变化和本地动物活动进行迁徙，装备着石头、骨头和木头做成的工具。

左图：大约 22 000 年前，伊香苟骨是旧石器时代是数学中最引人注目的证据。发现于刚果民主共和国，它是一个狒狒的腿骨用作账簿。

伊香苟骨

最著名的史前数学证据是“伊香苟骨”。在 1960 年，该骨在伊香苟地区，一个现今的刚果民主共和国的维龙加国家公园发现。这根骨头可追溯到大约 22 000 年前，是旧石器打猎、采摘人的财产。这实质还是一个计数签，但是槽口的结构比“莱邦博骨”上的精致得多。槽口分成三列：第一列读数为 11，13，17，19；第二列为 3，6，4，8，10，5，57；第三列为 11，21，19，9。第一列被认为是对素数理解（见第 41 页）的证据。但这只是猜测。一个阴历日历再次认为是追踪时间长达 6 个月的一个解释。

这根骨头的主人已经为真正的数学迈出很有必用的一大步。

一－二－很多

除了由考古学家挖掘的工具，有关我们狩猎、采摘祖先的其他证据可通过一些人得到，偏僻的处所将他们与外面的世界隔绝。他们的生活方式在这一闭塞的时代中几乎没有任何改变。令人吃惊的是，一些这样的人用少得惊人的几个数生存了一百多万年。沃皮利是来自澳大利亚的一个土著民族，他们的生活方式在过去的 3 000 年都保持不变。沃皮利的语言中，计数以这个词“jinta”（意为 1）开始，接着是“jirrama”（“2”）。但是在沃皮利语音中没有词表示“3”或者“4”。对于任何一个大于“jirrama”的数，用一个表示所有这些数的词“panu”统称，翻译为“很多”。其余澳大利亚土著语言也展示出相似的现象。有些具有 3 个或者 4 个可加的数。没有发明更大数的阶段似乎是令人吃惊的，直接原因是他们特殊的沙漠生活不需要这些数。

像沃皮利语言，唤起有关人类认知的深层问题。成长在没有数字的语言环境中的人，有算术的概念吗？把这个问题放在最简单的水平，如果一位传统的沃皮利商人面对这样一个选择：五块食物或者六块食物，他能看出区别吗？这个问题是一目了然的，答案是肯定的，虽然沃皮利人缺少词汇难以在口头上区别出大数字，但是当需要的时候，他们与其他人一样熟练地做出头脑中的区别。在 2009 年，神经学家布赖恩·巴特沃通过在地板上排列筹码与两棍棒相击的声音相匹配调查沃皮利孩子的数学能力。沃皮利孩子们和讲英语的孩子们做得一样好。

布赖恩·巴特沃的实验告诉我们语言不是决定数字能力的因素，语言只是发展复杂数学的一个必要准备。

左图：在埃及 Nabta 海滩的石圈。它可追溯到约 6000 年前，被认为是由游牧牧民建成的一个日历。

艺术和几何

新石器时代开始于 10 000 年前，出现了艺术、技术以及几何学。在几何作为数学的分支和作为设计图案之间并没有明显的界线。在早期陶器上的装饰明显是几何思想的证据。如英国的巨石阵遗址和位于埃及的那木塔干盐湖。在这些艺术上都明显地体现了对称性。把这些看成是早期几何研究的理论也不完全是天马行空的。

3 位值记号

突破：通过把数排成列，早期数学家们规定每个数字的意义不但取决于它的符号，还与它的位置有关。

奠基者：巴比伦数学家，公元前 3000 年—公元前 2000 年。

影响：位值记号比之前的计数系统灵活得多，数字也更易于表示，是当今数字书写的标准方法。

古巴比伦学者的黄金时期大约开始于公元前 5000 年，留下了许多文化遗产。在这些遗产中，小时制是其中的一个。1 小时等于 60 分钟，1 分钟等于 60 秒，这些都是来自古巴比伦表示数字的六十进制系统，即以 60 为基数。今天，我们习惯用十进制，以 10 作为数字系统的基数。不管基数如何选择，古巴比伦人史无前例的创新——将数字排成列，且使数字位置和数字符号本身拥有同样重要的意义，这是人类思想史上的关键时期。

成千上万年以来，人们用数字来表示和理解世界。但是，数字怎样才能被最好的表示出来呢？在史前，刻痕足以满足当时人们的各种基本用途。但是，随着人们定居下来形成稳定的城邦，文明不断发展，更复杂的数字系统也开始制定。有一个特别重要的创新出现在古巴比伦的黏土版上，它对人类的发展起到举足轻重的作用。当时，古巴比伦是世界上最大的城邦，呈现出前所未有的繁荣。

巴比伦是美索不达米亚的一个城邦，它的强盛归因于它先进的农业。在作为本地区中心的上千年历史中，巴比伦在苏美尔人（Sumerian）和闪米特人（Semitic）之间轮换过几次政权，同时科学、文字和文化都发展到前所未有的高度。巴比伦人编制了年历，12 个月为一年。也是他们首先制订了 7 天为一星期，每星期的最后一天为休息日。巴比伦的科学家们也研究星相、本地的植物、动物、医药和数学。

左图：一块苏美尔人的石碑，可追溯到大约公元前 2300 年。在特咯（Telo），今伊拉克发现的，这块碑帖用楔形文字列出了绵羊和山羊的数目。

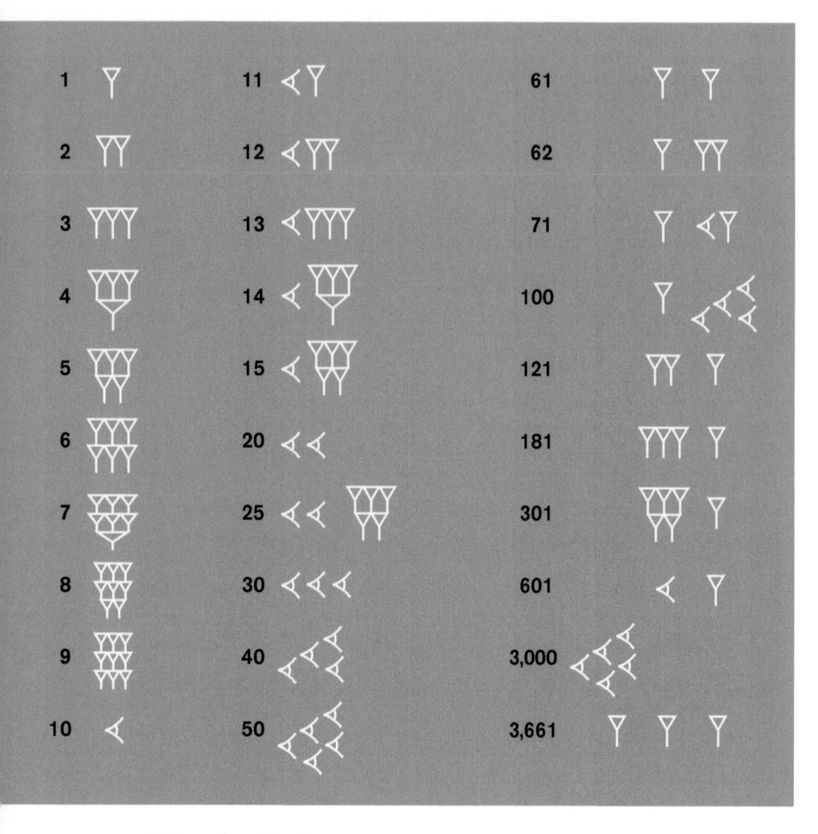

巴比伦数学

在楔形文字中，一个纵向的细楔形表示 1，多个这样的楔形可以表示数字 2 ~ 9。引入一个新的楔形（横向的粗楔形）来表示 10，多个 10 的符号的组合可以表示出 10，20，30，40 和 50。用上面这些文字符号，数字 1 到 59 就可以书写下来。

对于数字 1 ~ 59，巴比伦计数系统是寻常的，与许多其他文化的数字记号相比没有什么特别之处。但是，当表示数字 60 时，它的真正意义就体现出来了。巴比伦人不是用 6 个 10 的数字符号组合来表示，而是在左边开始新的一列，写入数字 1 的符号来表示。

这与我们今天书写 10 的方法极为类似。数字 10 不再像数字 1 ~ 9 那样拥有自己的文字符号，而是由一个 1 来表示。但是 1 的位置，在左边新的一列里，意味着它代表“1 个 10”。

上图：巴比伦数字系统是第一个采用位－值记号的数字系统。在位－值记号中，一个数的位置与其符号传递同样多的信息。

进位和借位

只有在历史的长河里，位值记号的重要性和优越性才能凸显出来。可是，通过回顾历史，我们可以认识到位值记号的引入是科学史上的重大时刻。位值制是表示数字的一种方便快捷的方法，并使数学运算更易进行。

其他技术系统，如罗马数字，虽然在实际中很容易识读，但用它进行简单的运算，如乘法和除法，却变得晦涩难懂和不够自然。有了位值制，可以从一列到下一列进行“进位”或“借位”，使得运算可以清晰明了地进行，为之后先进的数字和代数理论的发展铺好了道路。

位值记号的优点是显而易见的。随着文明和科学发展的水平越来越高，需要用的数字也越来越大。对于一群狩猎、采摘的人来说，应用小数字和基于刻画的基数系统已经足够，但对于拥有 50 000 人口和科学家满天飞的城市来说，所需要的要远远高于此。多亏了位值记号，巴比伦记录员可以仅用 3 个符号来表示小于 216 000 的任意一个数。

有了位值制，可以从一列到下一列进行“进位”或“借位”，使得运算可以清晰明了地进行，这为之后先进的数字和代数理论的发展铺好了道路。

巴比伦泥版

考古学家在当今伊拉克发现了几百块泥版，这能为我们提供一些古巴比伦数学发展的情况。其中最著名的是“普力马普顿”（Plimpton）322，可追溯到大约公元前 1800 年。很多年，它都被认为是一个毕达哥拉斯勾股数表，毕达哥拉斯勾股数如（3，4，5），（5，12，13）（见第 19 页，第 5 篇）。但是，现在普遍认为是成为抄写员的一道练习题。这些泥板也为求解一元二次方程（见第 79 页，第 20 篇）的方法提供了依据，用到了直到花剌子模才完全标准化的方法。同时，在几何方面，巴比伦人已经掌握了后来称之为毕达哥拉斯定理（见第 18 页，第 5 篇）的知识。

零的呼唤

位值制自然会引出零的重要概念。为了区别“21”和“201”，这需要体现出表示中间十位的列是有空位的，而不是不存在的。考古记录很清楚地展示了这一发展过程。早期巴比伦泥版仅把中间列留空，不写文字，就像我们写“2 1”。但是，这是很容易误读的。到公元前 700 年，巴比伦人已经引入一个停顿符号来表示一个空列。虽然他们不可能把这个特殊符号当成一个真正的数，但却是零概念的一个重要先驱。数世纪后，零的名称出现在印度（见第 74 页，第 19 篇）。

4 面积和体积

突破：发明了计算各种图形的面积和体积的方法。

奠基者：埃及数学家（公元前 1850 年）。

影响：数千年前，埃及数学家已经整理出一系列计算面积和体积的方法。对科学家来说，计算不同维度的测量是很重要的。

数学的一个早期的广泛应用是测量长度，而推广这种方法来计算二维或三维物体的尺寸是一个较大的挑战。这涉及分析面积和体积。几乎所有古埃及数学家的书卷都告诉我们那个时期的学者对这个问题特别感兴趣，而且发明了令人瞩目的计算方法。

有许多种方法度量距离，主要取决于标度。传统的方法是用步距来度量人或建筑物的高度，而在世界有些地方则用手来度量马的高度。这些度量单位的起源是很明显的。事实上，手、手指关节和手掌在古埃及是标准的度量单位，并且正是在埃及诞生了最早的面积和体积科学。当然，如果你想度量一个小镇到另一个小镇的距离，用脚和手作为度量单位显然是不切实际的。在今天，有更长的计量单位，如海里或千米。埃及以“河”为单位来度量这些长距离。一“河”约等于 10 公里（6.2 海里）。处于手与河之间的标准的埃及长度单位是腕尺，相当于 7 手长，保存下来的腕尺告诉我们一腕尺大约是 52.5 厘米（21 英寸）长。

面积问题

左图：在等体积的三维几何图形中，球的表面积最小。当肥皂泡最大限度地减少表面张力，肥皂泡的形状自然是球。

怎么度量二维图形的面积？由埃及人发明，今天仍在使用的方法是用一个边长为一单位长度的正方形来度量。所以我们今天说的是平方米、平方海里，然而埃及人使用的是平方腕尺。如果把单位边长的正方形看作瓦片，现在的问题是，需要多少块瓦片来覆盖需要度量的区域？

面积的问题对于古埃及是非常重要的，从大约公元前3000年开始盛行。当父母去世时，他们的土地会平均分配给他们的所有孩子。

这一问题从大约公元前3000年开始盛行，面积度量对于古埃及是非常重要的。当父母去世时，他们的土地会平均分配给他们的所有孩子。因为需要征税，所以对政府和公民来说，能够准确地计算面积是很重要的。当图形是完美的矩形时，计算面积很容易。一片土地3米长，2米宽，需要6个瓦片去覆盖，这里每个瓦片是1×1平方米的正方形。今天，我们把它的面积记作$6m^2$（其中m^2是“平方米”的简写）。

同样的规律适用于体积，这是体现三维空间图形尺寸的一个量。以1×1×1的立方体作为基本单位来度量空间体积，即需要多少个单位立方体来填充该空间。如果一间房是2米宽，3米长，4米高，则需6个立方体一层，共四层来填充，总体积是$2\times3\times4=24m^3$。

当图形不能恰好用整数个瓦片或单位立方体来覆盖或填充时，面积或体积将变得很难度量。即使对于最简单的图形——三角形，面积也不是明显的。如果一个三角形是w单位宽，h单位高，则它的面积是$\frac{w\times h}{2}$。这是古埃及几何学家掌握的事实之一。

阿姆士纸草书

当底斯人统治埃及时（公元前1800年后），这部莎草书是由古埃及僧侣、数学家阿姆士（Ahmes）所著，称为“阿姆士纸草书”，有时也称为“莱因德数学纸草书”。该书记载着埃及大金字塔时代的一些数学问题。全书分三章，一章是算术、一章是几何、一章是杂题，共有87个题目，可能是当时一种实用计算手册。这些问题都涉及一定的实际背景，其中有求未知量问题的解法，相当于今天的求一元一次方程。但是用纯算术的方法求解，有些还涉及算术数列和几何数列、求三角形、梯形和圆的面积等。（他甚至暗示其中的内容来自于印和阗的工作，那个令人尊敬的建筑师、医师、科学家活在大约公元前2600年，设计了一个最早的法老金字塔陵墓。）

在“阿姆士纸草书”上，有几个问题是几何问题，涉及计算图形的面积。如第50题：求半径为9 khet（1 khet是100腕尺）的圆形地的面积，给出的答案是64平方khet。这表明那时用了π的近似值$\frac{256}{81}$（见第45页）。其他的问题涉及求三角形、梯形、矩形的面积。

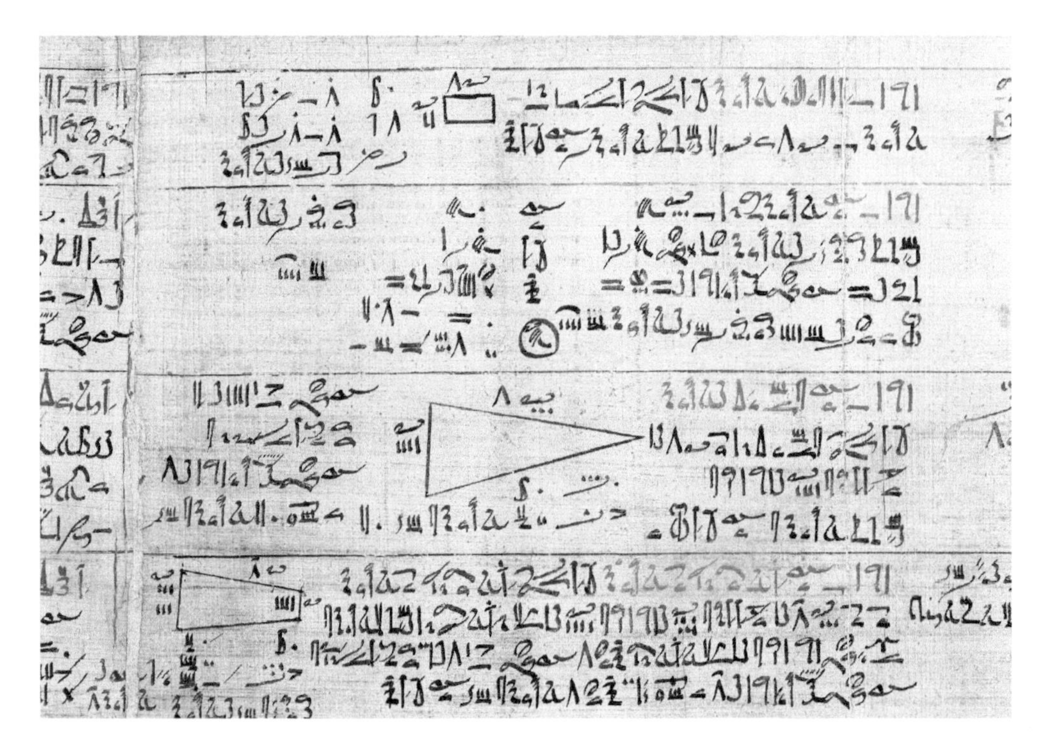

左图：这是公元前 1650 年的“阿姆士纸草书”的一部分。在此书的 87 个问题中，有几个问题关于求三角形、圆和其他图形面积的问题。

金字塔和莫斯科莎草纸

比“阿梅斯莎草纸”更早的是称为“莫斯科莎草纸”的书，可追溯到大约公元前 1850 年。该书包括 25 个数学问题及解答。第 14 个问题可能是古埃及数学中保存下来的最有影响的问题，涉及推导金字塔的体积。事实上，这个金字塔是个正棱台，即切掉顶部的正棱锥。已知金字塔的底是一个 4 腕尺 ×4 腕尺的大正方形，顶部是一个 2×2 的小正方形，高是 6 腕尺，问题是如何计算这个几何体的体积？正确的处理方法不是显而易见的。事实上，截金字塔所得的几何体是以宽为 a 的正方形为底，高为 b 的正方形为顶，它的体积为：

$$\frac{1}{3}h\left(a^2+ab+b^2\right)$$

任何人都可以推导出正确答案（56 立方腕尺），这个事实告诉我们古埃及几何学家已经掌握了一些相当复杂的几何公式。

5 毕达哥拉斯定理

突破：关于直角三角形三条边的基本关系。

奠基者：通常把这一发现归功于毕达哥拉斯学派（公元前 570 年—公元前 475 年），但是，这个定理很有可能早就被早期几何学家所掌握。

影响：这几乎是最早从几何形状提取的基本代数规则的一个例子。这仍是我们今天计算长度的主要方式，它依旧是初等几何学的基石。

影响最早且被人们所熟知的数学定理，恐怕就是“毕达哥拉斯定理”了。它描述的是关于直角三角形三边代数关系的一个基本事实。它为我们提供了一个已知三角形的两边而如何求解第三条边的方法。但是“毕达哥拉斯定理”并非对所有的三角形都成立。它的适用范围仅限三角形的特殊子集——直角三角形。

不知道是哪位几何学家最先发现了直角三角形的三条边的关系。据考证，早在公元前 1700 年，巴比伦的数学家已经对此十分了解（见第 23 页，Yale 碑上的图片。这就意味着，早在毕达哥拉斯学派之前，许多民族已经发现了这个事实。比如古巴比伦、古埃及、古中国和古印度等都有史证说明它的真实存在。也就是说，在希腊人对这个问题感兴趣的数世纪之前，古印度和古中国就已经知道了这一事实。遗憾的是，并没有史料证实，早期的思考者有没有把这个事实从观察的角度上升到一个定理：这一观察对所有直角三角形都成立，并给出相应的证明。对这个定理现存的最早证明出现在欧几里得的《几何原本》中（见第 33 页，第 9 篇）。因此，即使是在古代，这个结果归功于那个名字与该定理紧密相连的人，即毕达哥拉斯。

左图： 直角三角形被用于装饰瓷砖。由直线构成的每种图形都可以分解成直角三角形，这使得直角三角形成为一个不仅让几何学家而且工程师和图形设计师也很感兴趣的话题。

神秘的毕达哥拉斯

毫无疑问，毕达哥拉斯是希腊文化中很有影响的人，他的一生都笼罩着一层神秘的色彩！一个诗人曾称他为宇宙之神阿波罗的儿子，并且尊称他是宙斯的使者。关于他神话般能力的故事也有很多。其中，包括他拥有可以在两个地方同时出现的能力，甚至有传言，说他在返回人类王国之前，曾在地下世界度过了 207 年。

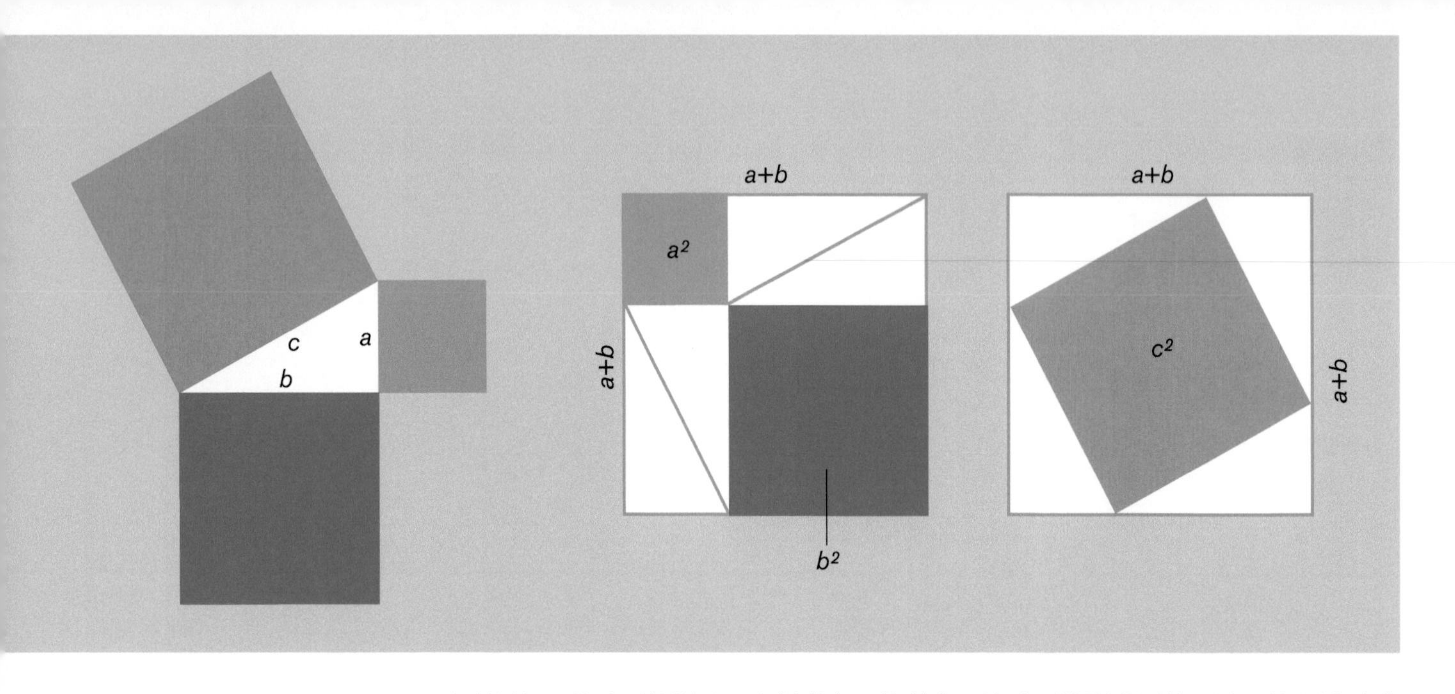

上图： 毕达哥拉斯定理的图像证明，归功于12世纪的印度数学家婆什迦罗。

众所周知，毕达哥拉斯是一个哲学家、数学家及毕达哥拉斯学派的领袖。他在被希腊包围的意大利南部的土地上建立了他们的第一所学校。毕达哥拉斯是一个素食主义者。他相信人死后灵魂可以转生到其他动物。最重要的是，他还深信，在深层次上，能够使这一切发生的是数学，特别是几何学起到了巨大作用。于是，他们对数学的热衷，已不是单纯的好奇，而是成了人生的使命。

毕达哥拉斯定理

毕达哥拉斯研究的三角形，即由三条边首尾相连构成的图形。他研究的是其中的一类特殊情况——直角三角形，即有两条边互相垂直。定理的内容是：在直角三角形中，若三条边长分别是 a，b，c，其中 c 是最长的，则它们一定满足

$$a^2+b^2=c^2$$

即 $a\times a+b\times b=c\times c$。这条最长边通常称为“斜边”（在希腊语中意为“下延伸”）总是直角的对边，如果一个直角三角形中两条短边的边长分别是3和4单位长，则斜边长必定等于5，因为 $3^2+4^2=9+16=5^2$。

毕达哥拉斯定理的证明

毕达哥拉斯后的数世纪，已有多种方法可以证明该定理的正确性。就目前已知的好几百种不同的证明里，所应用的技巧也各有不同。其中，最漂亮的一个证明是由 12 世纪印度几何学家婆什迦罗给出的，婆什迦罗的证明是先构造 4 个要讨论的直角三角形，并将这 4 个直角三角形排在一个正方形框架中，用两种不同的方法，该框的边长是 $a+b$。在第二种排法（组合）中剩余的空间是可放入一个边长为 c 的正方形，当然在这两种情况下总面积是相等的，也就是说，两个小正方形的面积加起来等于大正方形的面积，或可写成：$a^2+b^2=c^2$。

毕达哥拉斯和距离

直角三角形仅占据图形的很小一部分，可是为什么毕达哥拉斯定理在数学中占据着如此重要的地位呢？答案是这样的，我们估计距离的一般方法是：如果，在一张纸上两点的距离是 3 厘米，竖直距离是 4 厘米，则在这个问题中隐藏着一个直角三角形，这两点间的直线距离可以由这个看不见的直角三角形的斜边给出：5 厘米。

最重要的是，他还深信，在深层次上，能使这一切发生的是数学，特别是几何学起到了巨大作用。于是，他们对数学的热衷，已不是单纯的好奇，而是成了人生的使命。

事实上，很多著名理论的背后都隐藏着毕达哥拉斯定理。例如，欧几里得定义的圆，是到中心距离等于定长 r 的点集合。虽然，一个圆看起来不怎么像直角三角形。但是距离本身的准确记法却是用毕达哥拉斯定理来表示的，这就是为什么圆的标准方程与这个定理如此相像：$x^2+y^2=r^2$。

毕达哥拉斯定理与数论

毕达哥拉斯定理是几何学中的一个定理，但它却暗示着另外一个重要的数学分支——数论。所有直角三角形的三边能否都由整数给出？通常，这种情况不会发生（见第 21 页）。但是也有一些毕达哥拉斯三元数的例子，其中，（3，4，5）是第一个，接着是（5，12，13）、（7，24，25）和（6，15，17），是否有无限多对这样的三元数对？这一问题的答案被欧几里得所肯定并给予解决。当毕达哥拉斯定理中的平方被更高次方取代，是否仍有相似的组合数？这一问题的答案就是“费马大定理”（见下册第 161 页）。

6 无理数

突破：无理数是指不能表示成分数的那些数，它的发现是由整数局限性引起的。

奠基者：根据传说，毕达哥拉斯学派成员，麦塔庞顿的思想家希帕索斯，在大约公元前 500 年发现的无理数。

影响：这次数系的扩充是应用反证法的第一个例子。反证法是受到现代数学家重视的一种方法。

从学科的开始，正整数一直是数学的中心，但是这些数字在很多场合是不够用的，不久，需要用分数来测量一些复杂的量。今天，数学家把分数称为有理数。所以，当发现也有无理数，即不能用分数来表示的那些数时，对于古代数学家，是一个巨大的震惊。

毕达哥拉斯定理是几何学的基本定理（见第 17 页），整数是数论的最引人注目的地方：1，2，3，4，等等。但是毕达哥拉斯定理和整数吻合的并不是很好。

集合与数

如果直角三角形的两个直角边长是整数，很常见的情形是第三边不是整数，最简单的例子是边长为 1 个单位的正方形沿对角线切开，可以得到一个两直角边都是单位长为 1 的三角形。斜边 c 的长必须满足 $c^2=1^2+1^2$，这也就是说，c 是乘以自身等于 2 的某个数。现今，用平方根的符号（$\sqrt{\ }$）可表示成：$c=\sqrt{2}$。

但是$\sqrt{2}$这个数是什么？显然它不能是整数，因为即不是 0 也不是 1，其他的整数又都太大。对于公元前 15 世纪的希腊数学家们来说，这个残酷的事实是分数也不能表示它，这是一个令人恐慌的发现，因为在发现这个之前，数学家们从没想过会存在分数之外的数。这意味着肯定有其他的数——无理数，$\sqrt{2}$是第一个被知道的无理数。

左图：莱斯特大学的工程系大楼，完工于 1963 年。它的设计充分反映了正方形的对角线是无理数。

对于那个发现毕达哥达斯定理的神秘教派来说，毕达哥拉斯定理，整数是整个数学的基础。这说明了存在一个数不能用两个整数比的形式表示，这个问题引起整个教派的极大恐慌。这个令人恐慌的事实来源于它们所热爱的直角三角形，是由毕达哥拉斯定理导出的。有些关于证明了$\sqrt{2}$的无理性的毕达哥拉斯学者希帕索斯命运的传说，一些说他被逐出这个学派因为这亵渎了言辞，甚至因为他的罪行被处死，虽然不知道最终的结局怎样，至少无理数在这个学派引起了分裂。

无理量度

之后几代的希腊数学家遇到一些像$\sqrt{2}$的数，他们并不认为这些数是真正的数，觉得这只是一个抽象的量度。今天我们称$\sqrt{2}$为无理数，即它不能表示成整数之比——不可能写成$\sqrt{2}=\frac{a}{b}$，这里a、b为任意整数。那写成一个小数是怎样的呢？在这种情况下，结果近似为 1.41421356237…。但是无理数也不像小数那样易写，它们的小数会延续到无穷。无理数的小数展开延续到无穷没有终止或陷入一个循环中。最著名的例子是“π”（见第 46 页），约翰・兰伯特在 1761 年证明 π 是无理数。后来 π 被计算到小数点后万亿位。事实上，π 不仅是无理数而且还是超越数（见第 189 页）。

Yale 碑

很可能巴比伦数学家远远早于毕达格拉斯学派知道这一结论，Yale 碑（或 YBC728）是巴比伦数学中最著名的代表之一，可追溯到约公元前 1700 年。这块碑包含一个边长标为 30 单位长的正方形的图案，两条对角线也画了出来，它们的长度标为 42.42638 单位长，精确到小数点后四位。

这告诉我们不仅有巴比伦人熟悉毕达格拉定理，而且他们给$\sqrt{2}$一个合理的近似值（事实上，一个近似值就在碑上给出）。不清楚他们是否注意到这个近似值是不完美的，相信他们得到了一个准确答案，可能在喜帕索斯之前，巴比伦数学家已经证明了$\sqrt{2}$的无理性，但是我们不能确定。

左图：大约公元前1700年的Yale碑是一位巴比伦数学家的作品，计算正方形对角线的近似长度，他们是否知道这是一个无理数仍是一个谜。

用反证法证明

喜帕索斯证明他的结果所使用的方法沿留下来了，如同这个定理本身一样有重要的影响，而且也是反证法证明的最著名的例子之一。数学家们在后来的几个世纪中无数次应用这一方法。这一方法通过否定结论来进行，为了证明$\sqrt{2}$是无理数，不能由一个整数的分式表示，喜帕索斯假设它的反面成立，所以他假定$\sqrt{2}=\frac{a}{b}$，对于某两个正数a和b，从这一假设出发，他可以推出一个不合理的结论——本身明显错误的东西。

乍一看，这似乎是一个奇怪的论证，不合理通常不在数学家的心愿单上，可是，这种证明进行的很好。如果$\sqrt{2}$是有理数的假设不可避免地推出一个不成立的结论，则$\sqrt{2}$必不是有理数，只能是无理数。

7 芝诺的悖论

突破：芝诺的悖论声称证明了运动是不可能的，但是悖论的真正意义在于观察到离散分析和连续分析的对立。

奠基者：埃利亚的芝诺（约公元前 490 年—公元前 425 年）。

影响：虽然芝诺的哲学没有赢得广泛的接纳，但是他的悖论仍然是引人入胜的。这些悖论也描述了一些复杂的数学问题，这些数学问题直到两千年后才得以完全解决。

埃利亚的芝诺是一个哲学家，以他一系列的悖论而闻名于世。这些悖论困扰了思想家长达数百年之久。彻底地解决这些悖论需要一些复杂的数学理论。可是在芝诺的那个年代，这些理论都是不存在的。

芝诺的主张今天标榜为“神秘的一元论”，他相信事物基本的一元性。在上与下之间，在过去、现在和将来之间，对世界的所有表面上的分隔都是虚幻的。最后，芝诺认为只有一个持续的永不改变的现实，命名为“存在”或者“是一”。芝诺从他的老师（根据柏拉图——他的追随者所说）巴门尼德那里继承了这一哲学思想。巴门尼德是苏格拉底之前最著名的哲学家。为了维护巴门尼德的世界观，芝诺编制了 40 个悖论，但只有屈指可数的几个保留至今。

芝诺的悖论

芝诺悖论中最有名、最持久的是关于运动的悖论。芝诺主张物体的运动和各种形式的变化都是根本不可能的。并且他还努力地去证明这个结论。不幸的是，他的原稿没有保存下来，我们只能通过亚里士多德的著作来了解。芝诺思想的风格在第一个悖论二分中体现。如果一个男孩想从房间的一边走到另一边，他必须首先穿过房间的一半。但是在到达房间的中点时，他必须到达穿过房间的那条线的$\frac{1}{4}$点。不用说他不能到达那一点，除非首先通过$\frac{1}{8}$点，$\frac{1}{16}$点等。这样，他一步也迈不下去。

左图： 时间是连续运行的：目前我们知道，一段时间可以进行无限细分，而不会遇到一个不可分割的最小单位；可是我们测量时间的方法，不管是石英晶体的振动还是钟表的滴答声，本质上是离散的。

右图：

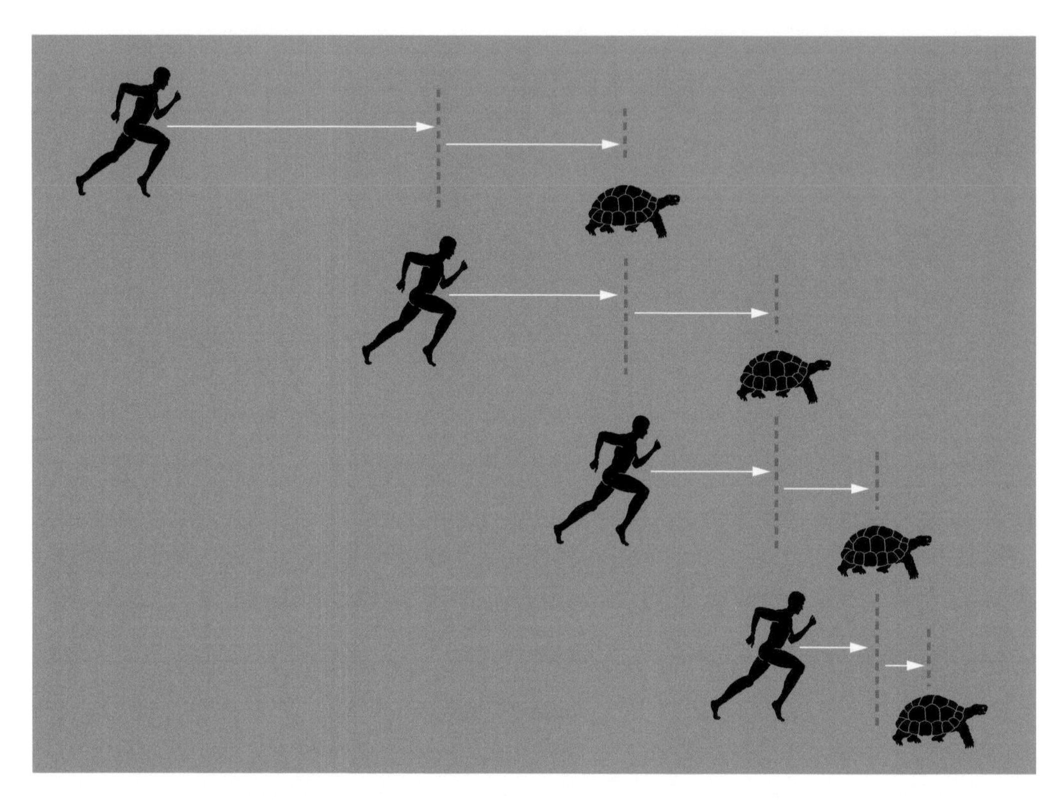

大儒学派的哲学家戴奥真尼斯的回答是：站起来，静静地穿过房间，坚定地提出世界充满了不费吹灰之力就能移动的物体这一理论。事实上，芝诺的反对并没有动摇。

阿基里斯和乌龟

芝诺最有名的悖论是“阿基里斯和乌龟”的故事，在这个故事中，因特洛伊战争而出名的阿基里斯面临一个相当容易的挑战：追赶并抓住一只乌龟。可是，在芝诺讲述的故事中，阿基里斯发现这个任务比想象中要困难得多。每次他到达乌龟的出发点时，他发现仍有一小段路程要跑。作为一个爬得很慢的动物，它不会爬很远，但是发生同样的问题，每当阿基里斯跑到乌龟的新位置时，乌龟已经离开那一点，并向前爬了一点。不管阿基里斯怎样做，乌龟总是提前一点点。

离散系统和连续系统

芝诺悖论的核心是一种在离散系统和连续系统之间的对立，已经占领了数学达数世纪。离散系统是按单独的、散开的步骤进行的。最基本的例子是自然数系统，由 1 开始，2 之前有一个缝隙，然后 3。在一个连续系统中，没有跳跃，而是光滑连续的。

连续系统的概念，在芝诺时代之前已经存在。但是直到牛顿和莱布尼茨做了有关积分的工作，它的深层内涵才得以揭示。直到 19 世纪早期实数正规化，连续系统的法则才最终确定下来。

从一个数学角度来说，芝诺的伟大洞察力在于观察到连续系统和离散系统的明显不同。虽然距离通常用一个连续的标度来测量，但是芝诺的悖论是用离散的过程来描述的。阿基里斯的旅程是这样阶段性发生的：首先他必须到达乌龟的起点，然后到达第二个位置，这样一直持续下去。显然，阿基里斯需要完成的阶段数是无穷的，因为数列 1，2，3，4，5…没有尽头。

但是连续系统允许一种可能性。假设阿基里斯比乌龟跑得快十倍（这当然是一个保守估计，但是这使得数字更容易计算）。也许阿基里斯第一次追逐是 9 米，则当他跑这段距离时，乌龟跑了 0.09 米。当阿基里斯跑这段路程时，乌龟又跑了 0.09 米，这样一直持续下去。所以阿基里斯需要到达的点距离出发点分别是 9 米、9.9 米、9.99 米、9.999 米等。在这个连续的世界里，很容易确定阿基里斯追上乌龟的点正好距出发点 10 米远。严格地说，这些距离构成一个收敛数列（见第 89 页，第 23 篇），这意味着，它们趋近于一个有限数，在这种情况下是 10。

阿基里斯发现这个任务比想象中困难得多。每次他到达乌龟的出发点时，他发现仍有一小段路程要跑。作为一个爬得很慢的动物，它不会爬很远，但是发生同样的问题，每当阿基里斯跑到乌龟的新位置时，乌龟已经离开那一点，并向前爬了一点。不管阿基里斯怎样做，乌龟总是提前一点点。

在那个二分悖论中，通过穿过房间越来越短的距离——$\frac{1}{2}$，$\frac{1}{4}$，$\frac{1}{8}$等，芝诺得到了一个矛盾。因为没有第一步，这个男孩被困住了。然而这在一个连续的情景中，永远没有第一步。0 后没有“最小数”是实数的基本事实。事实上，芝诺的二分悖论高度预示着由艾萨克·牛顿和戈特弗里德·莱布尼茨得到的微积分。距离的递减数列将花费小男孩越来越短的时间来跑完。数世纪后，牛顿和莱布尼茨将会明白，瞬时速度可由一小段距离的平均速度的极限来计算。

8 柏拉图体

突破：柏拉图体是由直线和平面构成的对称性最好的五种三维图形的统称，即五种正多面体的统称。

奠基者：泰阿泰德（约公元前 417 年—公元前 369 年）、柏拉图（约公元前 429 年—公元前 347 年）。

影响：柏拉图体为数百年后数学的分类设定了模式，它也是几何中最有名、最美丽的话题之一。

在古希腊帝国的所有数学成就中，有一个被赋予了相当高的地位。这个著名的理论包括所有图形中最具对称性的、最漂亮的图形——柏拉图体。

柏拉图体以哲学家柏拉图的名字命名，欧几里得的著名作品《元素》以它收尾，并且它被毕达哥拉斯学派异常重视。柏拉图体是人类思想史上重要的名字。然而，目前我们所知道的是，这个理论被一个几何学者首次证明，虽然如今他的名望不如以前显著，他就是泰阿泰德。不幸的是，他的工作成果没有被保存下来，我们主要通过他的朋友柏拉图的作品来了解他的工作成果。一般认为，欧几里得的《元素》的某些部分是泰阿泰德研究的直接陈述。他最伟大的成果是柏拉图体的分类。

二维和三维几何

泰阿泰德的工作描述了三维立体世界如何不同于二维平面世界。多边形是二维图形，可以由直线画出，如三角形、矩形、五边形等。在这些图形中，最具对称性的是这样的图形——它们的所有边都相等，所有角都相等，即正多边形。虽然有数不胜数的不同可能的三角形，但满足前面条件的三角形只有一种可能，就是三边相等的等边三角形。类似地，只有一种正四边形，那就是正方形，从而只有一种正五边形、一种正六边形等。二维平面中的故事比较简单：对每一个边数，只存在一种相应边数的正多边形。

左图： 黝铜矿是一种常见的矿石，它由铁、硫和锑组成。它的名字来源于它惊人的，可以形成具有正四面体形状的晶体的趋势。而正四面体是最简单的柏拉图体。

自然地，我们希望在三维世界里也能看到同样类似的结论。可是只需一个小实验，就可以发现三维空间的情况是比较复杂的。在三维空间中，最具对称性的图形是由全等的平面构成的正多面体，比如正方体。特别是，正方体的面是正方形，而正方形本身是规则的图形（正多边形）。正方体的每个角看起来都像其余的角，所以如果你将正方体一个角移到另一个角的位置，移动后的图形和移动前的图形看起来完全相同。那么除了正方体，还有其他的例子吗？

柏拉图写道：正四面体、正方体、正八面体和正二十面体分别代表火、土、空气、水 4 种经典元素。同时，正十二面体是上帝为整个宇宙设计的。

泰阿泰德理论

毕达哥拉斯学派的神秘主义者和几何学者意识到柏拉图体的两个几何体都是由等边三角形构成的。正四面体有四个面，实质上，是以正三角形为底的正棱锥。正八面体有八个面，看起来像两个以正方形为底的正棱锥在底面处粘合在一起。

当时，毕达哥拉斯学派认为这三种立体图形——正四面体、正方体、正八面体，构成了正多面体的全集。可是不久，有人确定一些更复杂的几何体满足以上这个定义。正十二面体由 12 个正五边形构成，正二十面体由 20 个正三角形构成，每个顶点连接着五条棱。有了这些发现，情况就变得比较复杂。可能有更多面的正多面体等着被发现。

这时，泰阿泰德证明了他的著名理论，这五种立体图形是所有的正多面体。没有正七面体，100 个正三角形也构不成正多面体。

“泰阿泰德理论”是数学上的一个真正的里程碑，不仅是因为它使得我们对几何体的理解更进了一步，而且还有它所代表的意义。它是一个非常超前，基于数学理论的分类。由抽象的正多面体定义开始，泰阿泰德可以推理出所有满足定义的几何体。这是许多伟大的理论数学家在之后几个世纪的证明模式。例如，壁纸群的分类（见下册第 13 页，第 54 篇）和有限单群的分类（见下册第 181 页，第 96 篇）。但是泰阿泰德的分类都是首创的，至今仍是最知名的分类。

正多面体的宇宙

希腊思想家对五种柏拉图体都有不同程度的迷恋。特别是柏拉图认为它们有着深刻且神秘的意义。他写道：正四面体、立方体、正八面体、正二十面体分别代表火、土、空气、水 4 种经典元素。同时，正十二面体如同上帝对整个宇宙的布局。这种柏拉图体式的宇宙论在 16 世纪意外地复兴了，尤其是天文学家、几何学家开普勒假定我们的太阳系是一个由柏拉图体嵌套组成的系统，系统中不同的行星沿着由五个正多面体所确定的轨道运行着。

如今我们知道，太阳系和水、火、土的分子都不具有柏拉图体的形式。一旦开普勒放弃他的柏拉图体的宇宙学，他就能继续做出一些真正有关行星如何围绕太阳运转的重要发现。但是，当开普勒发现两个几乎满足正多面体定义的几何形状时，他也促进了多面体理论向前发展。

不久，路易•潘索又发现了两个类正多面体。4 个开普勒 - 路易•潘索正多面体形成一个对泰阿泰德古典理论的新的挑战。这个问题的解决来源于保存完好的文献，泰阿泰德曾经假设正多面体不自我相交，也就是说它的交面之间不会穿过彼此。有了这个要求，只有 5 种可能的正多面体。但是去掉这个要求就会有 9 种，即 5 个柏拉图体和 4 个开普勒 - 潘索正多面体。

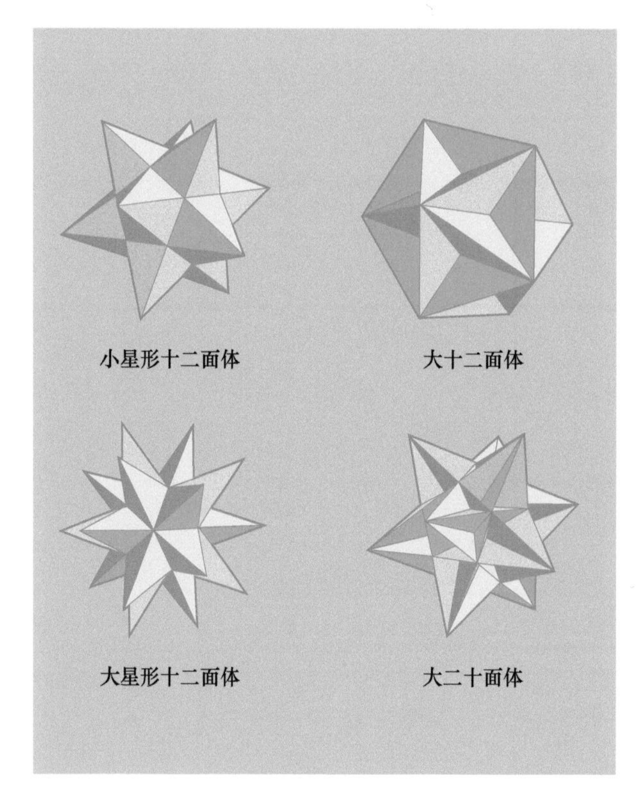

上图：4 种开普勒 - 潘索正多面体是三维空间中仅有的自我相交保持柏拉图体对称性的正多面体。

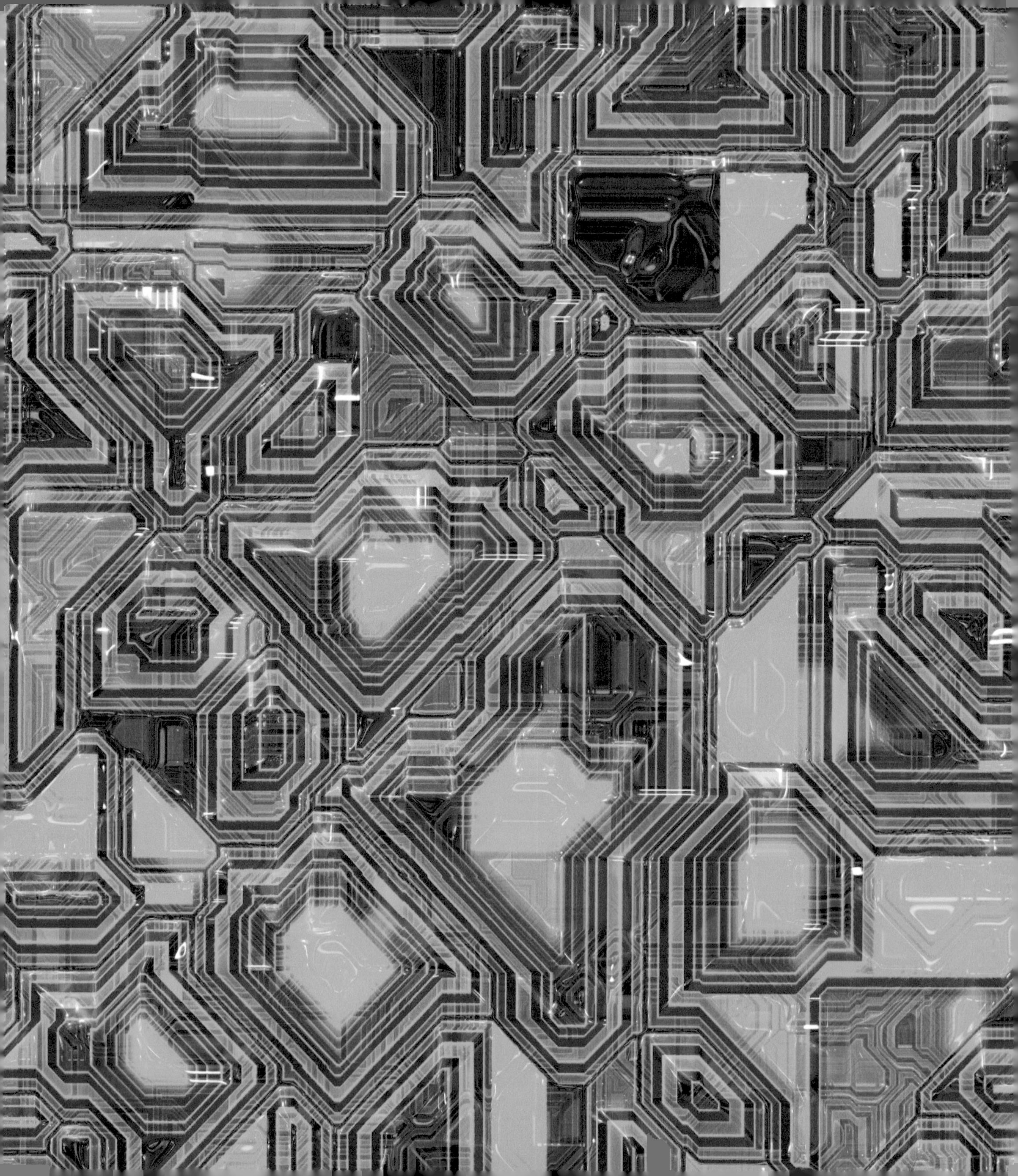

9 逻辑

突破：亚里士多德关于命题对错的讨论确立了逻辑学的学科地位。

奠基者：亚里士多德（公元前 384 年—公元前 322 年）。

影响：亚里士多德的讨论持续了 2 000 年之久，到 19 世纪，逻辑学已经发展成为一门庞大的学科，最终开启了计算机时代。

逻辑是把数学统一在一起的学科。一个定理与一个猜想（或一个猜测）的区别是定理有一个符合逻辑的证明。当然，逻辑的应用不会限制在数学中，这在因特网的年代体现得淋漓尽致。因特网的时代是建立在逻辑规则上的。首次认真研究逻辑是在大约公元前 350 年，由哲学家亚里士多德进行的，并且这一研究水平维持了数千年。

亚里士多德出生于希腊大陆上马其顿王国的斯塔基拉。青少年时，他去雅典的柏拉图学院学习，在柏拉图学院，他获得了才华横溢的思想家的好名声，与他的老师和学员建立了很好的关系。柏拉图死后，亚里士多德游行到阿索斯（今土耳其）。在此建立了他自己的学校。他与皮西厄斯，阿索斯国王的养女结婚，但是亚里士多德和他的妻子被迫逃离他们的新家，当波斯军队入侵时，亚里士多德回到马西顿成为菲利普国王儿子的教师。13 岁的男孩名叫亚历山大。这位年轻的王子长大后，成为古代世界最伟大的军事领袖——亚历山大大帝，建立了世界上最大的帝国。不可能不去考虑人类历史上这两位伟人的关系，遗憾的是，没有任何可靠的证明资料。亚里士多德是一个相当高产的作家，写了多大 200 本著作，涉及科学、政治和哲学各种话题。大部分著作都不幸遗失了。但是他的最伟大的成就是 6 本著作，一起构成了《工具论》，这里他对各种形式的辩论作了严格的分析，正是这个时候，逻辑学本身作为一门正式学科诞生了，而不是作为学习其他学科的智力工具。

左图：现代科技中的芯片是逻辑的物理形式呈现。芯片由具有几千个或几百万个逻辑门的回路建成，这些逻辑门对电子输入应用简单的逻辑原则，如“与”、“或”和“非”等，终端是能够进行高度精密计算的设备。

亚里士多德的三段论

亚里士多德分析了一种辩论称为“三段论”。最著名的例子（虽然实际上亚里士多德一个都没用）如下：

苏格拉底是一个人，

所有的人都终有一死，

所以苏格拉底也是终有一死的。

这里第三行的结论是可由前两行中的条件逻辑推出的。而且，命题的真实性与苏格拉底没有任何关系。命题的真实性和“苏格拉底”的物种还有性别，甚至死亡率都没有关系。这个命题完全由这个形式决定：

X 是 Y，

所有的 Y 都是 Z，

所以 X 是 Z。

这三行论证成为三段论。不是所有的都是等价成立的，例如这是一个假的三段论的例子：

X 是 Y，

所有的 Z 都是 Y，

因此 X 是 Z。

这种形式的例子是：苏格拉底最终是要死的，所有的黑猩猩最终也要死，所以苏格拉底是黑猩猩。亚里士多德的分析让他游历了所有可能是这种形式的命题。首先他把可能出现三段论的陈述方式分成 4 种类型，第一对是“所有 X 都是 Y”，相对于“存在 X 不是 Y”。第二对是“存在 X 是 Y”，对立面是“没有 X 是 Y”。这 4 种的每一个都可以出现在三段论的每一个层次上，可以作为其中的一个条件，也可以作为结论。特别是，每一个推理与三个不同对象一般称作 X、Y、Z（例如，苏格拉底、必然要死、黑猩猩）。

亚里士多德着手分析在这 4 个句式结构中 3 个对象所有可能的组合，每一个都可当作推理的条件或结论。这一分析正好给出了 256 种可能推理，在这些推理中，亚里士多德总结出只有 24 种是真命题。

上图：因为三段论只有有限多种可能的形式，所以它们是服从机械分析的。大约 1777 年，查尔斯·斯坦厄普的“Demonstrator”能够从三段论的两个前提条件推断出正确结论。30 年后“Demonstrator”的升级版本，还能解决数学和概率问题。

莱布尼兹、布尔和德莫根

亚里士多德的逻辑一直保持到 19 世纪，虽然亚里士多德成功地对有效的推理作了一个彻底分类，但是仍有挑战。毕竟能由“苏格拉底是一个人”型的三行命题回答的复杂问题不是很多，但是把几个推理融合一起，可能构造出不是很明显的问题的答案。

在亚里士多德和 19 世纪的思想家如乔治·布尔和奥古斯塔斯·德摩根之间的很多年里，只有一个人在逻辑研究中取得了重大进展，他就是戈特弗里德·莱布尼茨。乔治·布尔和奥古斯塔斯·德摩根做的是进一步拆解逻辑语句的组合部分，开始用逻辑连接词如“且”、“或”、“非”。例如，陈述“X 且 Y”是真的，当且仅当 X 和 Y 都是真的，但是当组合这些连接词时将会发生奇迹，乔治·布尔把他的名字赋予这一著名定律。“非［X 且 Y］”逻辑等价于“［非 X］或［非 Y］”。

就像亚里士多德所做的那样，这些逻辑学家致力于用套有逻辑正确的严格规则来代替人类直觉的不确定性，这实质上已经创立了新的逻辑语言，并具有很强的代数气息。

10　欧几里得几何

突破：欧几里得是数学公理化的鼻祖，他系统研究了平面几何。

奠基者：亚历山大的欧几里得（约公元前 300 年）。虽然他的著作中的很多内容都是对早期学者工作成果的收集和整理。

影响：欧几里得的《几何原本》成为标准的几何教科书使用了长达 2000 年。即使是今天，它仍包含了几乎所有学校的几何课堂所讲授的内容。

从毕达哥拉斯到柏拉图，对于古希腊帝国的有智慧的学者，几何是极其重要的。虽然很多人都研究过几何，但只有亚力山大的欧几里得的著作才是最关键的。在著作《几何原本》中，他将希腊几何学家的知识整理成为一个系统连贯的知识体系。

欧几里得生活在亚历山大——埃及的首都，包括现在中东的大部都是希腊帝国的一部分。亚历山大是一个富裕的大都市，在成为埃及的政治经济中心的同时，也成为文化学习中心，它在包罗万象的文化中走向一个人才荟萃、四通八达的国际都市，从而把古埃及辉煌的文明推向一个新的巅峰。

亚历山大图书馆

这个城市尤以这座图书馆而享有盛誉。这座图书馆当时是世界上最大的、最古老的图书馆，大约建于公元前 350 年，连接着一个博物馆和一个庙宇。亚历山大图书馆就是亚历山大文化繁荣发展的导航灯塔，吸引着那个时代最伟大的诗人、思想家、科学家汇集在这里，也吸引着人类各种声音飞跃高山和大海抵达这里，从而融汇成人类发展史上最壮阔的文明交响。在公元前 48 年，当希腊王朝让位给罗马帝国时，这个图书馆却被尤利乌斯·恺撒的战火毁灭。正是在这个图书馆的早期阶段，亚历山大城最伟大的学者——欧几里得一直居住和工作在这里。

左图：在物理学中，光线常模拟为平行线，即可以无限延伸而不相交。这一在现代科学中无处不在的思想可通过欧几里得的著作溯本求源。

对于欧几里得的生活我们至今一无所知，他可能在亚历山大城出生和长大，也可能他来到这里学习。好像他在雅典度过了一段时间，这里正是柏拉图的学生学习的地方——几何时代最初的专家，当然欧几里得对他们的工作很熟悉。

欧几里得在亚历山大城建立了他自己的几何学园，并在此作为一名数学教师而备受尊敬。这就可以很合理地去想象欧几里得的大部分时间会在这一伟大图书馆里或附近度过。他的学生继续他的工作。这对阿波罗尼奥斯发展圆锥曲线理论（见第 49 页）起着关键作用。

欧几里得的《几何原本》

欧几里得的伟大成就是一部 13 卷的著作——《几何原本》。虽然《几何原本》解决了各种各样的数学问题，值得一提的是素数论（见第 41 页，第 11 篇），但它的主要内容是几何，毋庸置疑《几何原本》是已出版的最重要的数学著作，直到 19 世纪仍是几何的标准教科书。它经过了大量的出版、翻译、评论，只是比《圣经》的版本少。

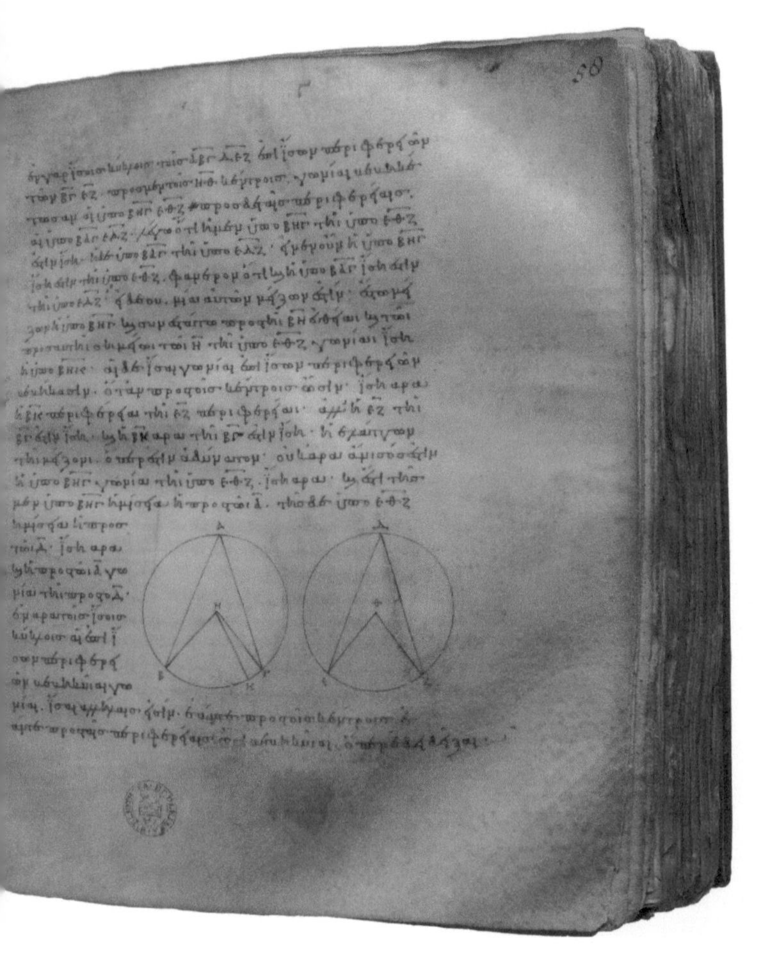

上图：欧几里得的《几何原本》中的一页阐述了圆周角定理。在右手边的圆中，圆的顶部所成的角正好等于在圆心所成角的一半。

很难说清这本书中有多少定理是欧几里得自己的发现，因为他的目的是整理收集当时已知的所有几何知识。在任何情形下，《几何原本》的重要性不仅在于它所包含的定理，而且在于欧几里得采用的方法。欧几里得从最底层，由 5 个称为“欧几里得公设”的基本规律开始，建立了一个连贯的知识体系，这是史无前例的。然后，他一步一步推进，用前面推得的定理来认真推导后面的每个定理。这正是现代数学家们研究每门学科的方法：从最基本的公理出发，然后由此逐步构建。

欧几里得几何

欧几里得几何产生在二维平面上。在这样的背景下，欧几里得研究了直线、圆以及由直线和圆构成的图形的性质。他深入地研究了距离、角度和面积的基本概念。在世界上所有几何课堂上所教授的大部分定理和话题都直接来自欧几里得。

欧几里得证明了有关三角形的几个重要事实，包括毕达哥拉斯定理，以及那个重要的事实：在任意三角形中，3 个内角之和一定是 180°。

平行线指两条直线可以向两端无限延伸且永不相交。平行线在欧几里得的著作中有一个基础的身份，平行线的角色被争论了很多个世纪，并在新的“非欧几何”（见第 181 页，第 46 篇）被发现时，达到极点。欧几里得关于平行线的分析包括所有最熟悉的事实，例如，内错角定理描述了当两条平行线与第三条直线相交时，第三条直线在这两条平行线上所成的角一定相等。

在用直线构造图形时，首先出现的是三角形，毕达哥拉斯哲学传统指三角形离所有几何学家的心脏很近。欧几里得证明了有关三角形的几个重要事实，包括毕达哥拉斯定理，以及那个重要的事实：在任意三角形中，3 个内角之和一定是 180°。他也证明了一些更深入的定理，包括三角学开始所涉及的相似和比例（见第 53 页，第 14 篇）。

圆也在欧几里得的考虑之中，他给出了圆的现代定义：在平面上选定一点，标记所有到此点等于定长的点的位置，圆就出现了。圆周角定理是欧几里得有关圆几何的著名定理之一。该定理描述了这样的一个事实：在圆上任选两点，用直线将它们与圆上的第三个点相连，所形成的角将正好是将这两点与圆心相连所形成的角的一半。

在《几何原本》的其他地方，欧几里得几何叙述了各种各样的问题，这些问题盛行了几个世纪，其中有黄金分割（见第 85 页，第 22 篇）。他投入了大量时间来分析尺规作图，这是又一个经得起数世纪探寻的话题，直到 19 世纪才解决（见第 185 页，第 47 篇）。在《几何原本》的最后一卷中，欧几里得从平面几何转移到三维立体几何，给出了经典几何核心内容的一个证明——柏拉图体的分类（见第 29 页，第 8 篇）。

11 素数

突破：大约在公元前 300 年，欧几里得证明了两个重要的数学理论：素数有无限多个以及任何数都可以表示成素数之积。

奠基者：亚历山大的欧几里得（公元前 300 年）。

影响：欧几里得的定理使素数成为数学的焦点之一。虽然至今还有大量关于素数的未解之谜，但是许多关于素数的定理已经被陆续证明。

欧几里得最著名的著作《几何原本》，这本书是如此完整地详述了几何知识，以至于成为其后两千多年标准的几何教科书。此外，《几何原本》不仅涉及几何，在书的第九章，有一节是关于数论的，欧几里得关于数论方面的发现是数学史上最重要的一部分，而其中的核心就是素数。

今天，素数在数学中起着类似于原子在化学中所起的基础作用。化学元素，例如氧或氢，由单原子组成。更复杂的化合物，如水，是由原子复合组成（1 个水分子由 2 个氢原子和 1 个氧原子组成）。数学家研究素数正如化学家试图理解元素及其组成方式一样。对于自然界中的基本事物，大于 3 的素数很少与它们有关。但是也会有例外，比如在 2001 年，数学生物学家格伦·伟博认识到，某些种类的蝉的生命周期是 13 或 17 年，这有助于它们避免与它们的天敌的生命周期重合。

左图：在 1963 年发现的乌拉姆螺旋，给出了意想不到的素数分布。这里，整数用蓝点表示，从 1 开始，从中心按螺旋形式展开。每个点的大小表示这个数拥有的真因子的个数。所以，在这个图形中，只有一个真因数的素数显示为黑色斑点。

素数的研究

素数是指不能被分解成其他整数之积的整数。因此 6 不是素数，因为它可以写成 2×3，而 5 是素数，唯一把 5 写成两个整数之积的方式是 5×1（或 1×5）。欧几里得不是第一个研究素数的人，毕达哥拉斯学派同样对素数很感兴趣，认为它们的不可分解代表着一些神秘的意义，比如原子性。但是素数在数学中的核心地位是在欧几里得的书中确立的。

因为素数是数的最小组成部分。然而这些重要的数字里面有着许多未解之谜，以至于看似简单的问题却变成了难题。

一些素数为 2，3，5，7，11，13，17，19，23 和 29。在对素数的研究中，欧几里得证明了两个重要定理。他致力于的第一个问题是素数是否具有有限个或者可以永远地罗列下去，欧几里得证明了可以持续无限制地罗列素数：素数有无限多个。

无限多的素数是当时对素数的最大的洞察，但是欧几里得不止于此，他继续证明了第二个结果，可以说是更重要的。这些年来，这个结果已成为算术的基本定理。它的内容是对任意一个数（如 100）可以分解成素数的乘积。此外，如果不考虑顺序，这种表示是唯一的。例如，你想把 100 分解成为素数之积，如果不考虑顺序只有一种分解方法，即 $2 \times 5 \times 2 \times 5$。

哥德巴赫猜想

欧几里得的工作第一次对素数进行严谨的研究，并且他的基础定理解释了为什么如此多的数学家专注于素数的研究。因为素数是数的最小组成部分。然而这些重要的数字里面有着许多未解之谜，以至于看似简单的问题却变成了难题。没有比 1742 年，克里斯蒂安·哥德巴赫与莱昂哈德·欧拉通信中所涉及的素数问题更好的例子了。哥德巴赫注意到，任何大于等于 4 的偶数都似乎可以表示成两个素数之和，4=2+2，6=3+3，8=5+3，100=29+71 和 1000=491+509 等。在给他朋友的回信中，欧拉写道："每个偶数都是两个素数之和，我认为这是一个完全确定的定理，但我无法证明它。"

欧拉的自信背后是大量的证据，最近 Tomas Oliveira E Silva 进行了一项数值验证。他验证了 1 609 000 000 000 000 000 内的偶数，然而对于这个看似简单的问题的关注，已经超过了两个半世纪，一个完整的对于任意偶数都成立的证明仍然是一个遥远的前景。

波特兰定理

哥德巴赫猜想似乎预示着素数的研究是无望的，但是从欧几里得之后，也有一些成功的故事。其中之一就是乔瑟夫·波特兰关于素数分布的观察，确切地说，素数在数中出现的频率是怎样的，这是一个关于素数非常深刻的问题，这是黎曼假设的主要内容（见第 198

左图：某些种类的禅的生命周期恰好是素数。有的是 13 年，有的是 17 年。这种战略帮助它们远离天敌。如果他们的周期是 10 年，这就会增加和生命周期为 2 年或者 5 年的天敌的同步的概率。

页）。但是，波特兰注意到从任意个数出发就可以找到一个素数，这个素数与原数之差小于原数。也就是说，从 100 出发，下一个素数与 100 之差不超过 100，换句话说，100 与 200 之间必然有一个素数。更通常的是，如果你以任意数（如 n）出发，在 $2\times n$ 之前必能遇到一个素数。不像哥德巴赫猜想，经过人们的努力和发挥聪明才智，波特兰定理很快被证明：1850 年，俄罗斯最伟大的数学家巴夫尼提・切比雪夫给出了证明。

当然，波特兰定理对素数分布的估计相当粗略。一般来说，n 和 $2n$ 之间不仅仅只有一个素数（事实上，100 与 200 之间有 21 个素数）。后来，两位 20 世纪最伟大的数学家斯利尼瓦瑟・拉马努金和保罗・爱多士改进了波特兰定理，他们证明了在 n 和 $2n$ 之间可以找到任意多的素数，只要 n 充分大。

12

圆的面积

突破：阿基米德发现了圆面积和球体积的计算公式。

奠基者：西拉库斯的阿基米德（公元前 287 年—公元前 212 年）。

影响：这些公式是数千年来几何学的一块奠基石，成为工程学的工具，预示了后来微积分的出现。

西拉库斯的阿基米德是古代最伟大的思想家之一，他的事迹也一直激励着他的同僚与追随他的科学家。他很多伟大的思想对数学的发展有着持续深远的影响，这些影响无论是在纯数学理论上，还是在应用数学分支上都有所体现。而这些思想的源泉来源于最简单的图形——圆。

即便是浴缸都可以为阿基米德提供灵感。一天正在洗浴的阿基米德发现浸入水中的物体比它们在空气中时要轻。对此，他进行了深思，并得到这样的结论：重力之差恰好等于物体排开水的重量。这一结论即为浮力学第一定律。促使他喊出“Eureka”，即“我发现了它了！”

在阿基米德的一生中，他有无数次的机会来放出那声著名的呐喊。他是第一个设计滑轮和杠杆原理实验的人，但由于杠杆原理的实验，他被西拉库扎当局抓去设计军用发射器。不过，他在几何领域的发现甚至超过了他在机械方面的成就。其中最为重要的是求闭区域所围面积的先驱技术。这一方法也预示了大约两千年后艾萨克·牛顿和戈特弗里德·莱布尼兹的工作（见第 125 页），这里的思想是把区域分划成非常窄的条形，先计算每个条形的面积，然后再把所有的条形面积相加。数世纪后，这一技术就是广为人知的积分学。

阿基米德成功地将这一项技术应用到椭圆、螺旋线、抛物线、双曲线等几种曲线上。但是，当他转向最有名的曲线——圆时，这一方法引导他发现了整个数学界知名度最高的公式：$A=\pi r^2$。

左图：圆是如此基本的图形以至于在自然界中的数不胜数的地方都出现了圆或其近似图形，从土星环到鱼群的螺纹。

圆和正方形

阿基米德公式给出了计算圆面积（公式中用A表示）的一种方法。只要知道圆的半径（r）就能求圆面积，半径是圆心到圆周上任一点的直线段的长。

在阿基米德的手中，π 迅速有了名气。他的新公式证明了 π 是决定圆周长和圆面积的关键。

特别是，阿基米德公式还把圆的面积与边长等于圆半径的小正方形面积联系起来。例如，若圆的半径是 3cm，则正方形的面积是 $3\times3=9\text{cm}^2$。一般地，若圆的半径长为r，则相应正方形的面积是r^2（$r\times r$ 的缩写）。

阿基米德公式告诉我们有多少个小正方形嵌入相应的圆中。这一结果和圆的大小无关，对任意圆都相同，并由几何世界的超级明星——π 给出。所以要计算任一圆的面积，我们必须用半径乘以半径再乘 π，若半径是 3cm，则圆的面积是 $\pi\times3\times3$，结果大约是 28.3cm^2。

近似 π

今天，π 的概念已被人们彻底理解并且在各学科中有着数不胜数的应用。在阿基米德的时代，π 可是一个相当神秘的家伙。数世纪来，为人们所熟知的也只有一个数可以告诉我们正多少边形的周长可无限接近于圆，即圆周的长。后来这个特殊的数被命名为“π”（希腊字母，P 代表圆周）。

但是这个数字 π 是什么？目前，我们已知道它可以精确到万亿小数位，但是在古代，它真正的值有特别大的不确定性。对于这个问题，阿基米德也做出了很大贡献，通过精确地比较圆内接多边形和外切多边形的周长，他得到的 π 值具有惊人的准确度，在 3.141 和 3.143 之间。今天我们知道 π 的真值接近 3.142（虽然 π 不能精确地表示成一个小数，它是一个无理数，见第 21 页，第 6 篇）。

正是阿基米德对圆的痴迷最终导致他的死亡，享年 75 岁。当时，他正坐着观察另一个几何图形，突然一个入侵罗马的士兵路过，无意中碰掉了那个图形，阿基米德对此冒犯很生气，并指责那个士兵说：“不要打乱我的圆。”与此同时，那个士兵抽出他的剑，野蛮地将他杀死。

球体和圆柱体

阿基米德的几何研究并不仅限于曲线和圆。他的研究也涉及圆的兄长——球。通过把求圆的方法应用到三维空间中，阿基米德求出了球的表面积的公式：$A=4\pi r^2$ 和球的体积公式：$V=\frac{4}{3}\pi r^3$。由这些公式，他证明了：当一个球嵌入一个同高同宽的圆柱体内时，该球正好占据圆柱体$\frac{2}{3}$的内部空间，表面积也正好是圆柱体表面积的$\frac{2}{3}$。

在他巨大的成就清单中，最令人兴奋的正是球和相应的圆柱体的关系。而且，在他死后的数世纪里，阿基米德的坟墓由于装饰在墓前的一个球和圆柱，以及联系它们大小的公式而被认出。

上图：《阿基米德的死亡》，一幅公元前 212 年的罗马镶嵌图的 18 世纪副本，展现了伟大的几何学家被杀害，而他的圆被弄乱。

13 圆锥曲线

突破：圆锥曲线是通过平面切割对顶圆锥而得到的优美曲线。阿波罗尼奥斯对圆锥曲线进行了详尽的研究。

奠基者：梅内克缪斯（约公元前 380 年—公元前 320 年）、佩尔加的阿波罗尼奥斯（约公元前 262 年—公元前 190 年）。

影响：圆锥曲线贯穿几何和物理学，特别在天文学中，作为行星和彗星的运行轨道。

几何开始于最简单的图形——直线和圆。对于直线和圆提出了大量的理论，古代几何学家，如欧几里得和阿基米德，为这些研究付出了巨大的努力。可是，研究一些更加复杂的、超越这些基本图形的图形的时刻很快就到来了。当几何学家首次远离直线和圆的领域时，他们遇到的第一种图形就是一个美丽的曲线家庭，统称为圆锥曲线。

约公元前 350 年，由梅内克缪斯发现的圆锥曲线，被包括欧几里得在内的几位希腊数学家进行深入研究。可是，在约公元前 250 年，佩尔加的阿波罗尼奥斯进行首次定义分析，从而真正地驯服了这些优美图形。因此，在他的同代人中，阿波罗尼奥斯以“几何学圣”而闻名。

阿波罗尼奥斯——几何学圣

阿波罗尼奥斯的 8 本关于圆锥曲线的书是畅游几何领域的力作，他从几个不同角度系统地研究了这些圆锥曲线。阿波罗尼奥斯把圆锥曲线分成了 3 大类，它们的名字一直延用至今：椭圆、抛物线和双曲线。

这种新的、更高级的几何实际上直接来自于对原有图形的考虑。阿波罗尼奥斯的构造开始于圆和圆心正上方的一个点。现在想象用直线连接圆周上的每个点与该悬点，得到的面就是圆锥面。但是如果这些直线无限延伸，就不再是一个圆锥面，而是在顶点处

左图： 法国奥代洛的太阳炉。它的抛物面覆盖有 9 500 枚镜子，这些镜子把太阳光反射到位于焦点的一个炉具上，产生的温度可高达 3 500℃。

右图：圆锥曲线可以定义为当一个无限长的对顶圆锥被一个平面所截时出现的曲线。这个平面的角度将决定曲线的类型。

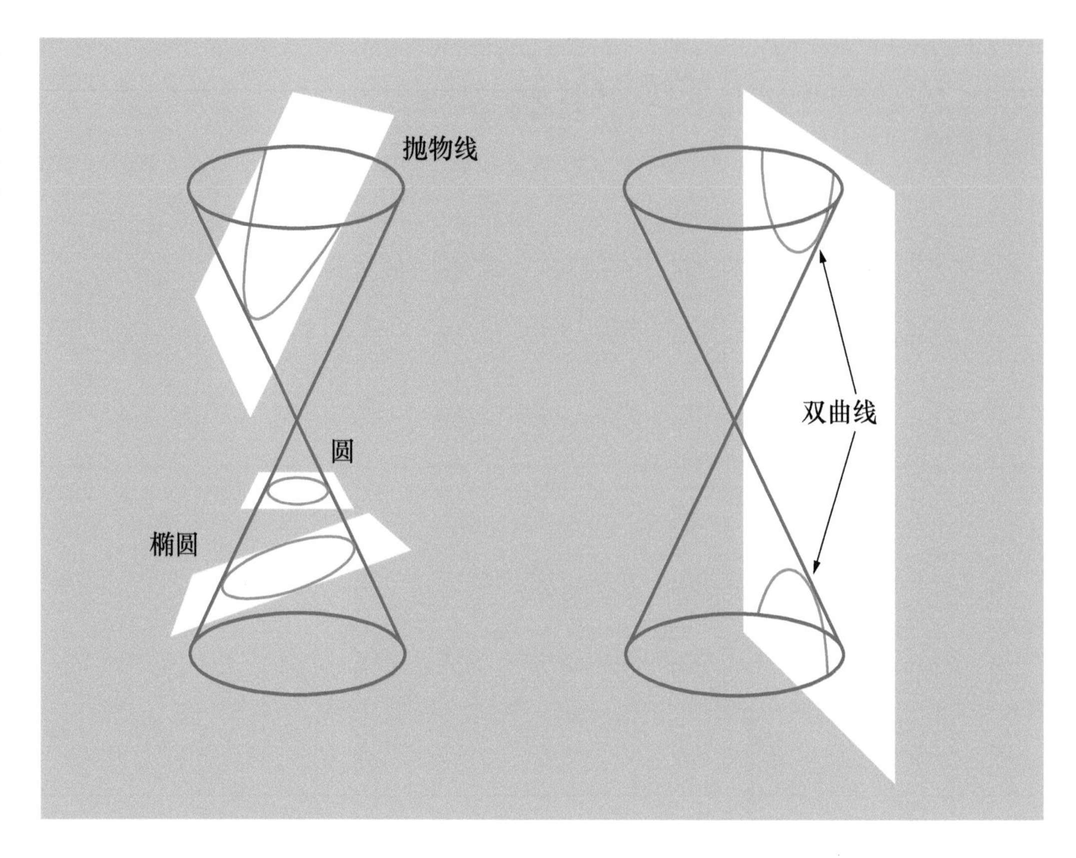

相连的两个无限长的圆锥面。

圆锥面是最简单的三维图形之一。但是一些复杂的二维曲线包含于圆锥面内。阿波罗尼奥斯的问题是：假设你用一个平面截取那个圆锥面，截线是什么样？一种可能是，如果正好平行截在恰当的地方，你可以重新得到起初的圆。高一点或低一点，也可得到小一点或大一点的圆。但是当不是平行截取时，这将变得更加有趣，第一种出现的图形看起来像被拉伸或压扁的圆。这就是最常见的圆锥曲线——椭圆。

自然界中的圆锥曲线

在阿波罗尼奥斯后大约两千年，椭圆在宇宙中的角色终于被揭示出来。数世纪来，人们讨论和研究地球、太阳和其他行星的相对运动，认为地球是宇宙的中心，太阳围着地球转。

但是随着望远镜和科学设备越来越精良，得到的测量结果似乎越来越奇怪和矛盾。甚至在尼古拉·哥白尼揭示了“地球绕着太阳转而不是太阳绕着地球转”后，这一错误观点仍然持续着。最终，天文学家、数学家约翰内斯·开普勒纠正了17世纪之前的错误。哥白尼和其他所有天文学家都错误地认为行星运行轨道是圆形的。实际上，开普勒发现这些轨道是椭圆的。特别是，太阳不是在椭圆的中心而是在一个称为“焦点”的重要位置上。就像阿波罗尼奥斯早就发现的那样，椭圆有两个焦点，对称地位于中心的两边。这就引出一个很美的方法来画椭圆。取一条细绳，用图钉将两端钉在桌子上，用铅笔拉紧细绳就可以画出一个椭圆，且以这两个图钉为焦点。

随着望远镜和科学设备变得越来越精良，得到的测量结果似乎越来越奇怪和矛盾。

重力也可以产生第二种圆锥曲线——抛物线。阿波罗尼奥斯最初得到这个图形是通过用一个平行于圆锥的边的平面来截圆锥面，这样生成的一条线，不像椭圆，这条线是不封闭的而且是一个无限长的“U”形。

我们周围到处都有抛物线。如果你向空中斜抛出一块石头，划出的那条轨迹就是抛物线（忽略空气阻力的影响）。伽利略·伽利莱在1638年证明了这个结论，驳斥了亚里士多德的旧物理观，认为抛出的石头是沿直线运行，逐渐慢下来直到它跌回所地面。抛物线也出现在宇宙中。一些彗星，如哈雷彗星，可预测地、规律性地出现在夜空。哈雷彗星大约每75年出现一次，而海尔-博普彗星是在一个2 000年长的规道上运行。但是也有一些其他的彗星飞入太空后，就再也没有出现过。一个这样的例子是1577大彗星，约翰内斯·开普勒童年的重大天文事件。通过继续整理天体轨道的工作，他发现单次现身的彗星，就是这些只出现一次的彗星，通常在绕太阳的抛物轨道上运行。

3种圆锥曲线的最后一种是双曲线，阿波罗尼奥斯通过垂直地切割对顶圆锥使得平面与两个半平面相交来构造这种图形，得到的曲线有两个独立的分支，这两个分支不相交但完全对称。双曲线是自然界中最稀少的圆锥曲线，却是非常有用的，例如，哈勃太空望远镜中的镜面形状就是双曲线，这可以让天文学家来观测宇宙。

14 三角学

突破：大约公元前 150 年，天文学家喜帕恰斯最先研究了三角形的角度与距离之间的关系。

奠基者：喜帕恰斯（公元前 190 年—公元前 120 年）。

影响：特别是在有了袖珍计算机之后，三角学的应用贯穿于科学和工程学。三角学这一领域远远超出了有关三角形的初等几何学，且被推广到当代数学中一些很复杂的问题中。

在初等几何中，两个最基本的问题是距离和角度。可是它们之间的关系却不能一目了然。虽然早在欧几里得的著作《几何原本》中，就对它们的关系就进行过一些研究，但是直到天文学家喜帕恰斯关注这个学科，三角学才变成一门实用的技术。

在欧几里得的《几何原本》中，他花了大量的时间研究三角形。他研究的问题主要有两个：三角形三条边长之间的关系和三角形三个内角之间的关系。对于第一个问题，最重要的结果是毕达哥拉斯定理。该定理给出了三角形三边的准确关系。但众所周知的是，这一结果不是对所有三角形都成立——仅对直角三角形成立。在他对角的研究中，欧几里得的主要结果是：在任意三角形中，三内角和一定等于 180°。关于描述边长关系，毕达哥拉斯定理只对包含某一特定角（即 90° 角）的三角形成立。这一事实强烈地暗示了角度和边长微妙的依赖关系，这将在三角学的研究中呈现出来。

相似和比例

虽然欧几里得没有研究过这个我们称为“三角学”的问题，但他的确认识到相似三角形的重要性。相似三角形是指具有相同的形状，不必有相同的大小的三角形。严格地说，两个相似三角形三个内角完全对应相等。正是存在相似三角形这一事实说明了边角关系不是完全明朗的。边长不能决定角，角也不能决定边长。

左图：不管是显而易见的三角学或是隐藏在建筑结构中的三角学，都是当今工程师的必备工具。

欧几里得的重要发现是相似三角形的对应边成比例。所以，如果知道一个三角形的三内角和一条边长，根据相似比就可以确定其他两条边长。

喜帕恰斯的弦表

一千多年来，从希腊到中国的学者们都在逐渐改进喜帕恰斯的三角函数表。

确定了一个三角形的三个内角角度和一条边的长，理论上必定可以确定其他两边的长，这是一回事，但是计算这两边的长是另一回事，怎么才能计算呢？回答这个问题的是出生在比西尼压的尼塞尔（在今土耳其）的喜帕恰斯，在亚历山大和罗德岛，他以一名天文学家的身份而出名。虽然他的著作没有流传下来，但是我们知道他的天文观测包括好几个伟大的成果。他计算出一年的长度精确到 7 分钟以内，而且绘制了当时世界的最精确的天空地图。喜帕恰斯采用数学的方法来研究天文学，努力了解地球、太阳以及其他天体之间的关系。但是他发现的那个年代的几何是不能胜任的。特别是，他需要把有关宇宙天体间角度的信息转换成它们之间的距离。

喜帕恰斯采用了一种高度可行的实用的方法，通过绘制和度量各种各样的三角形，他制作了一个他需要的数据表格，这是第一次对几何学的真正开发。喜帕恰斯使用的工具，后来由现代计算器上的正弦和余弦函数（分别简写为“sin”和“cos”）所超越，可是在本质上，他们的思想却是相同的。

在直角三角形中，设我们知道两个锐角中的一角（如 30°），最长边的长度，如 10cm，根据原理，这些数据就将三角形完全确定下来，只能画出一个三角形满足这些条件。如果你想知道那个已知角的对边的长度，我们只需用$\frac{1}{2}\times 10$，便得到答案 5 cm。这个神奇的数$\frac{1}{2}$依赖于角度 30°，对于其他角度，则需要不同的值。今天我们记作 $\sin 30° = \frac{1}{2}$。

喜帕恰斯用弦而不是正弦，并将不同角度 x 的弦值列成表。知道了这些，推算包含给定角的三角形的尺寸也就很简单了。

玛达凡和超越数

从一开始，三角学与天文学、应用科学就相互交叉。例如，卫星通信需要准确计算出卫星与地球上固定点所成的角度和距离。所以从古希腊到现代中国的许多科学家都被吸引去改进喜帕恰斯的三角函数表格，不可思议的是，他们所有的改进都得依赖该表格进行，如果能找到一个独立的公式来计算每一个角度 x 的 $\sin x$ 值将非常好，可是，他们没有能找到这个独立方法，毫无选择，只能根据制作正弦表的方法构造更详细的表格。

在印度南部的喀啦绑，在大约1400年，最终找到了一个这样的公式，做出来这一突破的又是一位天文学家——玛达凡，他注意到计算正弦函数需要一个无穷的过程，特别是，用弧度制表示角度 x，则

$$\sin x = x - \frac{x^3}{3\times2} + \frac{x^5}{5\times4\times3\times2} - \frac{x^7}{7\times6\times5\times4\times3\times2} + \cdots$$

或者更简明为 $\sin x = \frac{x}{1!} - \frac{x^3}{3!} + \frac{x^5}{5!} - \frac{x^7}{7!} + \cdots$

在欧洲，直到17世纪发现了微积分（见第32篇），这一结果才被算出。可是随着时间的流逝，这一结果的影响很有戏剧性：正弦（及其他三角函数），现在称为“超越函数”，意指若精确求值需要无穷多个程序。因为这个原因，三角函数将不再处于在三角几何中卑微的地位，而成为复分析（见第146页）和抽象波形（见第161页）研究的关键成分。

上图：现代通信依靠卫星网络。通过卫星网络，大量信息都在不断流动。这一系统依赖于三角学来分析卫星和地球上的点所成的角度和距离。

15 完全数

突破：完全数是其所有真因子之和恰好等于它自身的数。完全数是古代世界的一个奇迹。

奠基者：毕达哥拉斯（公元前 570 年—公元前 475 年）、欧几里得（公元前 300 年）、尼科马库斯（公元 60 年—公元 120 年）。

影响：莱昂哈德·欧拉建立了完全数与梅森素数之间的关系，但是完全数至今仍未得到充分理解。

数字的两类最基本的运算是加法和乘法，毕达哥拉斯学派对那些恰好满足这两种运算并在其上可以找到平衡的数字很好奇。他们赋予这些数字某种重要性，称它们是“完全数”。

第 1 个完全数是 6，一个数是否是完全数取决于它的因子，即那些恰好能整除该数、且比该数小的数。6 的因子是 1，2 和 3（6 本身也是它的因子，但我们这里忽略它）。毕达哥拉斯学派认识到了把这些因子加在一起是奇妙的：1+2+3=6。完全数是稀少的，大多数数字不具有这种性质。如 8 的因子是 1，2 和 4 加起来是 7。大于 6 的下一个完全数是 28，它的因子是 1，2，4，7 和 14，紧接着 28 后面的下一个完全数是 496，第四个是大约在公元 100 年，由尼科马库斯发现的 8128（接下来我们将看到尼科马库斯对数学有着不寻常的见解）。然而直到 15 世纪，第五个完全数 33 550 336 才被找到。

因为完全数是稀少的，因此关于它们存在着大量的推测和猜测。例如，尼科马库斯认为完全数的结尾会以数字 6 和 8 交替出现。但是这一猜想随着在 1588 年，第六个完全数的发现而宣告破产，第六个完全数是 8 589 869 056（第五个同样以 6 结尾）。杨布里科斯断定只有一个完全数分别位于 1 和 10 之间，10 和 100 之间，100 与 1000 之间等。第六个完全数的发现也宣告这个断言是错误的。

在完全数的研究中，最大的谜团是是否存在任意大的完全数，或者只有有限个完全数。对于当今的数论学家这个问题仍旧是一个巨大的挑战。

左图：数字 6 是第一个被认为是“完全”的数，同时具有两种有趣的算术性质，可以表示很多自然界的对称图形。一个有名的例子是雪花，它的美来自于它的六边形对称。

上图： 完全数与寻找大素数紧密相连。这是第15个梅森素数，在1952年由拉斐尔·罗宾逊发现，等于$2^{1279}-1$。目前知道的最大素数是第47个梅森素数，$2^{43\,112\,609}-1$，共有12 837 064个数字长。

梅森素数

大约公元前300年，当欧几里得发现了完全数与数学世界中的明珠——素数（见第41页）密切相关时，完全数的重要性和地位被凸显出来了。一般情况下如果p是素数，则2^p-1仍是素数。然而，特例$2^{11}-1=2047$，它不是一个素数，具有“2^p-1”形式的素数称为“梅森素数”。马兰·梅森于17世纪开始罗列梅森素数。大多数已知的数值巨大的素数都是梅森素数，因为比较容易验证它们是素数。

欧几里得比梅森早几千年就注意到这些奇怪的素数。特别是，他指出梅森素数和完全数的关系。他证明了如果M是一个梅森素数，那么$\frac{M\times(M+1)}{2}$将是一个完全数，例如3是一个梅森素数，那$\frac{3\times4}{2}=6$是完全数。类似地，7是梅森素数，$\frac{7\times8}{2}=28$是完全数。直到18世纪莱昂哈德·欧拉证明了精确的对应关系：每一个偶完全数必须可以表达成$\frac{M\times(M+1)}{2}$，其中M是梅森素数。这个定理把寻找梅森素数和完全数捆绑在了一起。对于这两种数，我们都不知道它们是有限还是无限的。欧几里得-欧拉定理只关注偶完全数。偶完全数是怎么一回事？像雪怪一样，没有人曾经见到过，并且大多数人怀疑它们是否存在。同时，没有人能够完全排除它们。

亏数和盈数

我们不知道完全数的个数是有限个还是无限个，确定的只是它们是数字中的少数派。许多数的因子之和小于这个数的大小，比如8。尼科马库斯用“欠缺、贫困和不足”来形容这些亏数。其他的数字可能过剩，如12的因子1，2，3，4和6之和是16。尼科马库斯认为这些数是“多余、超过，过大和泛滥”的。

有时，亏数和盈数会成对出现。例如，220的因子1，2，4，5，10，11，20，22，44，55和110之和是284（220是盈数）。然而，当把284的因子（即1，2，4，71和142）加起来会回到220。阿拉伯数学家，例如塔别脱·本·科拉，对像220与284一样的“相亲数”进行了深入的研究，他还设计了一种方法去寻找新的相亲数。

真因子和数列

1888年，欧仁·卡塔兰提出了这样一个问题，以任何一个数开始，后面的数都是前一个数的真因子之和，一直重复下去，最后会得到什么？这个过程的结果是最早的真因子和数列。一个可能的结果是碰到一个完全数且后面的数字就保持不变了。如果序列中出现一对相亲数，那么该序列将简单地重复这两个数。更长的重复周期也可能会出现，这被称为“孤立数”。另一方面，序列也许会出现一个素数，如7，然后它将会回到1，除了本身没有其他因子，然后到0。卡塔兰问是否每个序列只会是上面三种可能中的一种？答案是未知的。以276为开始的序列的最终项目前并不清楚。目前来看，这个序列的数只是越来越大，使得这个问题似乎成了一个非常困难的问题。

在完全数的研究中，最大的谜团是是否存在任意大的完全数，或者只有有限个完全数。对于当今的数论学家来说，这个问题仍旧是一个巨大的挑战。

16 丢番图方程

突破：丢番图在代数学中取得了最早的突破，但是他最著名的理论是对整数的分析，现在称之为丢番图方程。

奠基者：亚历山大港的丢番图（约公元 200 年—公元 284 年）。

影响：他的书极大地鼓舞了古典数学家、伊斯兰数学家黄金期的思想家，也影响了一批欧洲数学家，如皮耶·德·费马。

为了理解整个数字系统，我们需要清楚这些数字之间所有可能的关系：这些关系可以通过丢番图方程表示出来，这个方程以亚历山大港的丢番图的名字命名。他在《算术》中引进了这些方程，这也是之后几个世纪的数学家思想的源泉。

如同之前的欧几里得一样，我们对丢番图本人所知甚少，丢番图也居住在知识分子聚集地——埃及的亚历山大港。虽然这里曾经是罗马帝国的一部分，但丢番图却用希腊语写作和交流。他的生平是一个谜，虽然后人大都认为他在 84 岁去世。

丢番图最伟大的著作是《算术》。欧几里得的《几何原本》是对一个特定的主题进行详细的论述，而《算术》是一本不连贯的著作，共有 13 卷，由 130 个不同的问题组成。令人遗憾的是，只有 6 卷保存下来，其余 7 卷似乎很早就丢失了。1968 年，在被人发掘的一些古阿拉伯的书籍中，可能包含《算术》中遗失的那一部分的翻译版本，但却并没有得到普遍的认可。

丢番图方程

由于《算术》是第一本致力于求解方程的书，所以丢番图有些时候被称为“代数之父”。丢番图在《算术》中研究了诸如线性方程和二次方程等课题，之后被阿尔·花刺子模给出了更全面、更完善的求解方法（见第 77 页）。

左图：丢番图方程表达整数之间的关系的主要方式。求解这些方程是非常困难的，但是它们告诉我们整数之间是否有关系？如果有是何种关系？

皮耶·德·费马在阅读克劳德·巴歇德最新翻译的《算术》时，他想扩充丢番图方程的三次方到高次方，这也就是数学界最大的传说之一——费马大定理。

在很长一段时间里，丢番图方程曾受到许多数学家极大的追捧。像许多古代的数学家一样，丢番图对无理数（见第 21 页）充满了怀疑。因此，他在求解丢番图方程的时候，特别渴望求出整数解，或者至少是有理数（即分数）解，这就使得求解这些问题变得非常困难。以至于后来有一位学者在《算术》的复印本上写道："丢番图的思想如恶魔撒旦一样，因为这些问题太难了。"

丢番图对幂运算也特别感兴趣。像 9，16 这样的平方数，即由某一个数乘以自身得到的数（9=3×3，16=4×4），如果涉及多个平方数的运算会更复杂。例如，《算术》中的第三卷，他想找到一个数 x 同时使得 $10\times x+9$ 和 $5\times x+4$ 都是平方数，他找到一个答案——28。这是正确的，因为 10×28=289=17×17 和 5×28+4=144=12×12。

像这样寻找整数或者有理数满足一些特殊条件的方程后来被称为"丢番图方程"。被后人认为是理解整数间是否有联系的主要途径。

希帕提娅的评注

在丢番图完成《算术》100 年之后，我们能叫上名字的、对丢番图方程感兴趣的第一位女数学家——希帕提娅。她同样是亚历山大港的居民，她从事天文学和物理学的教学和研究工作，宣传柏拉图和亚里士多德的哲学。她对《算术》遗留下来的 6 卷做了注释，这也暗示着另外 7 卷在此之前就已经丢失了。[为早期学者的作品写评论是常见的做法，希帕提娅对阿波罗尼奥斯的《圆锥曲线论》（见第 49 页，第 13 篇）也做了注释。]

希帕提娅除了作为一个著名的女知识分子，她还是典型的柏拉图主义哲学推崇者。

因为公开反对教会，希帕提娅遭到了残酷的杀害——公元 415 年，她被狂热的基督教徒从家中抓走并拖至一个教堂被谋杀。

丢番图的复兴

随着古典数学黄金期的逝去，印度和阿拉伯数学家走在了时代的前列。在阿拉伯，《算术》被翻译为阿拉伯文并被深入地研究。现今，保存最好的翻译版本是穆罕默德·花剌子米在

10 世纪翻译的，而且他对《算术》做了相应的注释。直到 16 世纪，《算术》才被翻译成拉丁文并逐渐被欧洲数学家所熟知。

虽然在几千年后的今天再次出现，丢番图方程还是能被人们所接受。当今，为人们津津乐道的重要数学故事也都源于《算术》。皮耶·德·费马在阅读克劳德·巴歇德最新翻译的《算术》时，他想扩充丢番图方程的三次方到高次方，这也就是数学界最大的传说之一——费马大定理（见下册第 161 页，第 91 篇）。数论中的一个主要议题也根源于丢番图——怎样把整数分解成一些数的幂次方，这个问题后来演化成永恒的“华林问题”（见下册第 33 页，第 59 篇）。

同样，丢番图的工作对于 20 世纪的逻辑和计算科学影响也十分重大。希尔伯特的第十个问题（见下册第 121 页，第 81 篇）：能否通过有限步来判定丢番图方程的可解性？对这一问题答案的研究是现代数学的基石。

上图：她是一位杰出的哲学家、教师和科学家，以及我们能叫上名字的第一位女数学家。据说她被谋杀标志着亚历山大港作为一个知识分子中心统治地位的结束。

17 印度 - 阿拉伯数字

突破：为我们熟知的印度 - 阿拉伯数字形成于公元前 150 年—公元 600 年的古印度。

奠基者：关于这些数学工作的最早记载可追溯到公元 250 年时的巴克沙利手稿。

影响：印度 - 阿拉伯数字是当今数字表示的国际标准。

我们用来书写数字的符号起源于古印度。特别是被我们所熟知的符号 1，2，3，4，5，6，7，8，9 和 0，首先在古印度发展，然后传播到欧洲和新大陆（北美）。

正像世界上许多其他地方一样，古印度的数学家们运用不同的方法表示数字。用现在的标准衡量，大部分数字的表示方法效率不高。这与欧洲使用的罗马数字具有同样的劣势。然而，从公元前 3 世纪的某个时间开始，一个计数系统开始在印度发展，后来被认定为国际标准计数系统。

当古巴比伦使用 60 进制的时候（见第 9 页），在印度和其他地方普遍使用十进制数字系统，也就是说数字以 10 为进制，即逢 10 进 1。虽然 10 这个数本身没有任何重要的数学意义，可是容易看出为什么选用十进制数字系统。人类进化出十根手指，手是我们计数的第一个工具，这远远早于第一根计数树枝的刻画。

大约在公元前 150 年前，印度中部的居民发展了一种“婆罗门数字系统”，这是我们所知的现代数字系统的最初形式。这个数字系统包括数字 1 到 9 的符号，以及数字 10，20，30，…和 100，200，300，…的新符号。把这些放在一起，就可以表示很多数字。然而，随着时间的发展，所需要的符号总量在逐渐减少。

左图：梵文数字在印度斋浦尔的简塔曼塔第 18 号天文台。这些数字在现代印度仍被使用并且和印度阿拉伯数字 0 ~ 9 拥有共同的祖先。图示表示数字 6。

吠陀和耆那教中的数学

宗教对巨数的需要是使数学系统向更经济的趋势发展的一个驱动力。印度历史中的吠陀时期开始于约公元前 1000 年，以吠陀的名字命名。印度教最初的经文，是用不同种类的早期梵文写成的。这个时期的某些手稿已经讨论了巨数。在大约可以追溯到公元前 250 年的史诗《罗摩衍那》中，据说英雄罗摩指挥了一支拥有 10001000010000000001000100000010001000001000100000010001000000005 名士兵的军队。

下图：该表记述了符号 0 ~ 9 的发展过程；0 ~ 9 是当今书写数字的国际标准。

欧洲		Gobar.	印度		
14世纪	12世纪	(阿拉伯)	10世纪	5世纪	1世纪
1	1	[illegible]	[illegible]	[illegible]	[illegible]
2	2	[illegible]	[illegible]	[illegible]	[illegible]
3	3	[illegible]	[illegible]	[illegible]	[illegible]
4	4	[illegible]	[illegible]	[illegible]	[illegible]
5	5	[illegible]	[illegible]	[illegible]	[illegible]
6	6	[illegible]	[illegible]	[illegible]	[illegible]
7	7	[illegible]	[illegible]		[illegible]
8	8	[illegible]	[illegible]		[illegible]
9	9	[illegible]	[illegible]		[illegible]
0	0		[illegible]	[illegible]	

吠陀时期的数学家对 10 的多次方进行命名，一直到罗摩军队所需要的那个数 – 10^{62}（同时，古希腊所拥有的最大计量单位是“万”，即 10 000）像这样，在引入位值记号之前，精确计算这些巨数是非常困难的。的确，学者们相信正是在这个时期，十进制符号产生了。

另一个宗教信仰——耆那教，创立在大约公元前 6 世纪，推动了这一想法进一步发展。耆那教仔细研究了非常长的时间跨度，例如定义 $756 \times 10^{11} \times 8\,400\,000^{28}$ 天为一个 shirsha prahelika（超级大的有限数，耆那教也发明一种理论关于无穷的不同名称，大胆预测了乔治 • 康拓的基本计数理论，见下册第 9 页）。

巴克沙利手稿

可查证的、首次有文字记载的使用印度 – 阿拉伯数字是在巴克沙利手稿中。1881 年，在现今巴基斯坦一座叫作巴克沙利的村庄里发现了这个手稿。保存下来的部分包括 70 页的桦树皮，其上列有各种各样的数学法则，且每个法则都有例子。由于一些桦树皮已经腐烂，所以学者研究它们是非常困难的，甚至不能鉴定其年份。在过去，手稿的年份认为是公元前 200 年至公元 1200 年。但最近，学者们认为很可能是在公元 400 年左右（虽然有可能是这个时期原稿的手抄本）。

巴克沙利手稿因其使用的记号而令人非常感兴趣。虽然，现代人无法辨识其所用的符号，但这有可能是第一个保存最完全的十进制记数法的例子，并且给出了 0 的记号（实际上是一个小数点）。这个手稿也包含分式的例子，与我们今天所表示的分数十分类似，只是把分数线省略了。这个手稿讨论了盈利和亏损，应用了负数（用“+”来表示，这与现代的记法不同）。

不论巴克沙利手稿的真相到底如何，可以肯定的是，在印度数学发展的鼎盛时期，婆罗门的工作可能是最耀眼的（见第 73 页），十进制记数系统正在蓬勃发展。

阿拉伯人和欧洲的传播

宗教对巨数的需要是使数学系统向更经济的趋势发展的一个驱动力。

这个新的计数系统被印度北部的波斯数学家所接受，并由他们传播到世界其他地方。大约在公元 825 年，阿尔·花剌子模（见第 77 页）写了一本有重要影响的著作——《用印度数字运算》（只保存有拉丁文翻译本）。这本书对十进制计数系统的传播发挥了重要作用，并促进该系统演变成现代形式。

在公元 1202 年，比萨的列奥纳多所著的书——《计算之书》（*Liber Abzci*）把这些数字引入欧洲。列奥纳多以斐波那契的名字更为人熟知（见第 85 页）。他的父亲是一个富有的商人和外交官，他大部分时间在北非的阿尔及利亚度过。年轻的斐波那契跟随他父亲到处旅行，这使他体会到地中海周围的学者所使用的数学符号的高效性。

这个计数系统被称为“阿拉伯数字”，它与罗马数字共存于整个欧洲长达几个世纪，并逐渐地占主导地位。直到 15、16 世纪的印刷革命以及由它带来的识字人数的增加和标准化，这十个数字定格为我们今天所熟知的模式，成为数学书写的全球标准。

12
55
5
50
10
45
15
40
20
25

18 模运算

突破：模运算涉及数的循环，就像钟表上的时间一样。

奠基者：孙子（约公元400年—公元460年）、皮埃尔·德·费马（1601年—1665年）。

影响：模运算不但是数论中重要的运算，而且是计算机科学中的重要运算，它构成了现代密码学的基础。

11+7等于什么？在一些背景下，看似不可能的结果却是正确的。例如，如果现在是11点钟，则7个小时后将是6点钟。因此写成11+7=6是完全正确的。这个时钟里的数学运算其实就是模运算。模运算的首次正式研究是由孙子在大约公元450年做出的。

对时钟的情形，这种模运算可以说成是模12运算。但是，其他任意的整数当然也是可以的。如果今天是星期二，15天后星期几？这一问题可以理解为一个模7运算问题，而每小时里的分钟数可以引出一个模60运算。

分钟、小时和天

自从人类首次开始把时间分成像分钟、小时和天这样的小时间段，就需要考虑模运算。如果莱邦博骨的槽口代表一个阴历，可以说模29运算是首个我们有证据可查的人类数学。

然而，过了很多年，这一问题才真正得到数学家的关注。大约公元450年，模运算以一个谜语的形式首次出现在孙子的著作中。在此后的几个世纪中，模运算在数学中变得超级重要。这种运算围绕一个剩余数的思想。若现在是8点钟，从现在起20小时后是几点钟呢？这相当于计算8+20模12，通过观察我们可以得到答案：12恰好嵌入28两次（因为12×2=24），留下一个余数4，正是这个余数，给出了答案：8+20=4模12。

左图：模运算是众所周知的计时数学。在钟面上的时间说明模运算是12，而算术在一分钟内工作模秒60。

所有基本的代数运算——加、减、乘和除都可推广到模运算的情形中，所以我们可以写 $3\times4=1\mathrm{mod}11$，$7-9=15\mathrm{mod}17$，甚至 $5\div4=3\mathrm{mod}7$（因为 $5=12\mathrm{mod}7$）。因为通常的运算在模的背景下和跟在一般整数背景下是一样运行的。数论学家对模运算做了大量研究，模运算是在有限数集中进行的，所以很方便。模 5，每个数字必须等于 0，1，2，3，4 中的一个，所以模 5 运算，实际上只有 5 个数，就像钟表表盘只需 12 个数。

中国剩余定理

在《孙子算经》（孙子的数学手稿）中，作者给出如下的一个难题：假设我们有不知道其数量的一堆东西，三三数之余 2，五五数之余 3，七七数之余 2，问数之几何？

除了这本著作，我们对孙子一无所知。可是这个谜语将会继续产生难以估量的影响，因为这个谜语开启了通往模运算的数学大门。

除了他的这本著作外，我们对孙子一无所知。可是这个谜语将会继续产生难以估量的影响，因为这个谜语开启了通往模运算的数学大门。孙子求的是这样的一个数 n，满足 $n=2\mathrm{mod}3$，$n=3\mathrm{mod}5$，$n=2\mathrm{mod}7$。事实上，孙子的突破是一个基本的洞悉——这样的数一定存在。总可以找到一个合适的数，使它同时满足多个模运算条件。在这个谜语中，谜底是 23，把这个数学家的祖国包含进定理是对这位数学家的最好褒奖，这个著名的结论称为“中国剩余定理”。

对这个运算有一个限制，模底数必须是素数。在谜语中，底数是 3，5 和 7，素数指不能被其他数整除的数。否则，模条件可能彼此矛盾，比如不可能找到一个数 n，同时满足 $n=1\mathrm{mod}3$ 和 $n=2\mathrm{mod}6$。

费马小定理

后来，模运算与素数分析密切结合。一个有名的例子就是皮埃尔·德·费马的小定理（不要与大定理混淆，见下册第 161 页）。费马小定理考虑一个素数，设为 P，另一个不必要是素数的整数 n，费马仔细思考 n^P，即 P 个 n 相乘，$n\times n\times\cdots\times n$（$P$ 个）。费马定理陈述了这样一个事实，即 n 和 n^P 将总是等价的，也就是说 $n^P=n \bmod P$。这个定理对检测一个数是否是素数非常有用，如果你检验数 q 是否是素数，并且找到一个数 n 满足 $n^q \neq n \bmod q$，则 q 不是素数。这是现代计算素数验证的理论基础，用来检验新的很大的素数的方法，也是现代公共密码系统的基础。

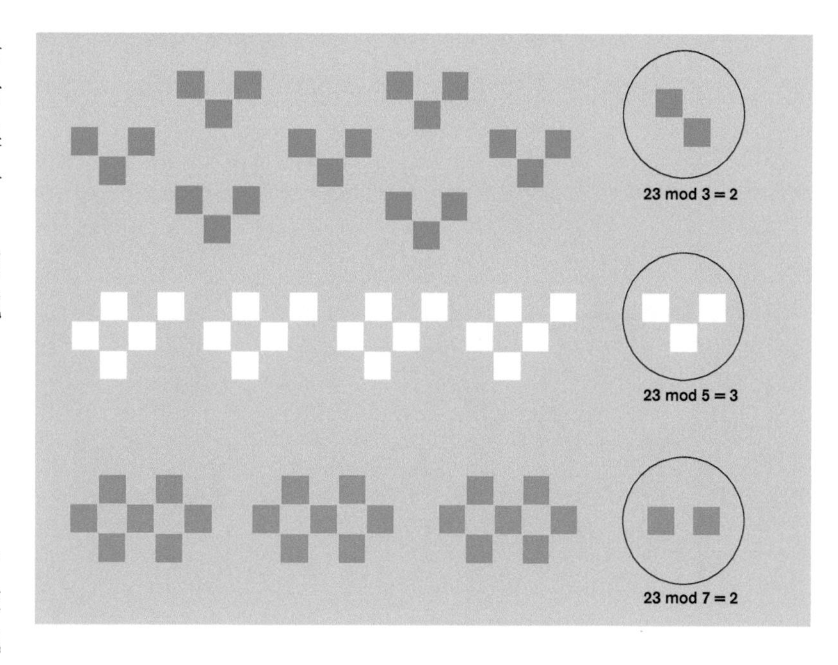

上图：孙子最初问题的解答：23 除以 3，5，7 的余数分别为 2，3，2。

高斯黄金定理

素数模运算也是卡尔•弗里德里希•高斯称之为“黄金定理”的背景。现在更多的称该定理为二次相互性定理。已知两素数 p 和 q（都不等于 2），高斯观察这两个量，$p \bmod q$ 和 $q \bmod p$，在 1801 年，他证明了在这两数之间非常漂亮的对称性。他证明了如果一个是平方数，则另一个也是平方数（有一个例外的情形，如果 p 和 q 都是 4 的倍数多 3，则如果另一个不是平方数，一个正好是平方数），这个定理特别具有影响力。试图去推广它的尝试直接进入了朗兰兹纲领的深渊。

19 负数

突破：婆罗摩笈多把数字系统扩展为包含 0 和负数的数系，这被认为是数字 0 第一次享有它作为数字的权利。

奠基者：婆罗摩笈多 (公元 598 年—约公元 665 年)。

影响：婆罗摩笈多的计数系统对于当今广泛运用的数字框架的发展是至关重要的。

婆罗摩笈多的《婆罗摩历算书》是一引人注目的著作，它描绘了新数及它们的运算法则。特别重要的是，婆罗摩笈多第一次把零提升到数的位置。然后，他进一步扩展了计数系统，使得它包含我们今天称为“负数”的数字系统。

在印度，至少从巴克沙利手稿 (见第 68 页) 开始，数学家运用类似于今天广泛运用的位制系统来书写数字。在这个系统下，比如数字 3 所代表的意义取决于它所在的位置。37 中的数字 3 所代表的意义与 73 中的 3 所代表的意义完全不同。这种发展仿效古巴比伦的数学 (见第 10 页)。它明显优于希腊和罗马所运用的数字表示系统。这种位制编排导致了巴比伦和印度数学家发明了数字 0。他们需要某个表示空列的数字，正如区别 307 和 37。然而，在这个时期，0 仍接近于一个标点符号而不是一个真正享有其权利的数字。

婆罗摩笈多的《婆罗摩历算书》

第一次真正试图扩展数字系统出现在公元前 628 年学者婆罗摩笈多的著作中。 他是印度圣地乌贾因的一位著名天文学家。乌贾因现在位于中印度的中央邦。婆罗摩笈多在数学上最大的突破是他的著作《婆罗摩历算书》或“The Correctly Established Doctrine of Brahma”文中的组成部分，这本书以诗歌的形式写成，并且包含了一些对代数、数论和几何的见解。在最重要的章节中， 婆罗摩笈多罗列了一些新的计算法则，即加、减、乘和除的运算规则，这些法则都包含数字 0。

左图：根据华氏制，0℃是在标准大气压下，水结成冰的温度。负数表示比这个温度更低的温度。在地球上，记录的最低温度是在俄罗斯的东方研究站测的 -89.2℃。

在婆罗摩笈多的著作中，0 变得不仅仅是一个个标点符号。事实上，他给出 0 作为数字的正式定义。他说 0 是任何数字减去它自身的结果。因此，例如，7-7=0。这似乎对我们来看是非常显然的，但是他需要想象力的飞跃去看到这是有真正意义的陈述。在过去，数字用来形容所收集物体的多少。当移除所有的物件，为什么还需要保留一个数字呢？

下图： 分离计数器是用来登记债务的，在欧洲一直使用到 19 世纪早期。债务双方所欠金额总数用刻在木条上的槽口来表示。然后劈开此木条，两人各取一半。一半代表正数，另一半代表相应的负数。

0 不符合运算的一般规律加深了这种反面意见。例如，当你对任意数乘以 2，这个数字扩大两倍，但 0 不是这样的。婆罗摩笈多对此并不苦恼，他细致地指出描述 0 的运算规则：第一，任意一个数字加上或减去 0，其值不变；第二，任何数乘以 0 等于 0。

负数

婆罗摩笈多不仅仅是因为零的原因而成为先驱。他走得更超前，把负数——直观上比 0 小的数纳入他的专著，然而，0 个芒果可以被理解为没有一个芒果。那“-4 个芒果”的意义呢？

虽然婆罗摩笈多的著作有一点抽象，但他运用了启发性的财政语言。在这种情形下，负数代表着赊欠。有 -4 个芒果意味着赊欠别人 4 个芒果。根据这种说法，0 是不亏不欠的临界点，即没有赊欠别人任何东西。负数不完全是一个新的概念，出于贸易的目的，中国的数学家很早就考虑过它们。但是天才的婆罗摩笈多合并了所有的数——正数、负数和 0，从而使得它们成为一个新的单一的数字系统。

他是第一个写下当今仍被认为是标准运算法则的人，例如，两个负数相加的结果仍为负数，负数乘以正数得到一个负数，$4 \times (-4) = -16$。婆罗摩笈多同样掌握了计算规则中最令人费解的概念：两个负数之积结果是正数 $(-4) \times (-3) = 12$。

除以零

婆罗摩笈多的加法、减法、乘法的运算理论几乎没有改变地沿留至今。但是除法，他的想法与现行的规则却不相吻合。把 8 本书分成 4 堆，每堆书包含两本书，因此 $8 \div 4 = 2$。但是当 0 出现在上一个式子会发生什么呢？你把 0 本书分成 4 堆，每一堆会有几本书呢？结果似乎是 0。 婆罗摩笈多也是这样理解的，但是当他考虑颠倒上述问题时，他又遇到了一个问题。

把 8 本书分成 0 堆是什么意思？每一堆有几本？这个问题似乎是没意义的，其实它就是没意义的。我们说 $8 \div 4 = 2$。因为 2 是唯一乘以 4 得 8 的数字。类似地，计算 $8 \div 0$，我们就需要一个数乘以 0 后得到 8，但是不存在这样的数。

在过去，数字用来形容所收集物体的多少。当移除所有的物体时，为什么还需要保留一个数字呢？

面对这个问题，婆罗摩笈多做出了粗疏的决定。为了解决问题他发明了一整列的新数，它们分别表示为$\frac{1}{0}$，$\frac{2}{0}$，…因此按照定义 $0 \times \frac{8}{0} = 8$。这不是我们如今采用的规则。今天的数学家坚信这种 0 作除数的问题是没有意义的，比如表达式$\frac{8}{0}$是无意义的。因此，现代数学的基本规则是不能用任何数去除以 0。

20 代数学

突破：阿尔·花剌子模开启了对抽象方程的研究。他最初的意图是得出一个协助计算的实用指南，但结果却是创立了代数学。

奠基者：穆罕默德·本·穆萨·阿尔·花剌子模（公元 780 年—公元 850 年）。

影响：全世界的中学生至今仍在学习花剌子模的关于一元二次方程的求根公式。他的工作为后来《大术》（见第 93 页）的发展和超越奠定了基础。

代数学可以看作是一个求解方程的学科。花剌子模的著作《积分和方程计算法》不仅引进了“代数学”一词，而且奠基了代数学这门学科。花剌子模是 9 世纪伊拉克巴格达“智慧之家”的一位学者。那时的巴格达是一座富饶繁华的城市，也是伊斯兰知识分子集中之地。“智慧之家”是由哈里发赞助的图书馆和研究中心。

“智慧之家”特别注重翻译。来自世界各地的学术著作在“智慧之家”中，都从波斯文、梵文、中文等多国语言翻译成了阿拉伯文。花剌子模负责翻译古希腊的科学和数学著作。欧几里得和其他一些人的著作很可能是由他翻译的，这形成了他自己研究数学的基础。像之前的亚历山大图书馆一样，1258 年，“智慧之家”在入侵者对巴格达的灾难性围攻中毁坏。

左图：当数学家面对形如 $4x^2+3x-7=0$ 的方程时，立刻就想到求解方程，即寻找 x 使得这个方程成立。罗格斯大学的巴曼·卡兰塔里认识到，求解方程时可以生成一个漂亮的图片，他称为多项式图。

代数学的诞生

古希腊数学的两大主题是数论和几何。当无理数被发现之后，这两个主题结合到了一起，或者，它们统称为“量级”。这导致希腊数学进入动荡时期。虽然诸如欧几里得和丢番图等数学家取得了长远的进步，但是他们从来没有触碰到这些数字的基本性质。

事实上，阿拉伯的数学家，包括花剌子模在应用负数时是非常小心谨慎的。然而，花剌子模采取的方法根本不用过度担心。对不同种类的数字的哲学解释，无论是正数、负数还是有理数或无理数，本来就不是那么重要。真正重要的是你运用它们进行何种运算，加、减、乘还是除。这 4 种运算足够解决所有类型的实际问题，而不考虑任何数字进一步可能具有的意义。

对不同种类的数字的哲学解释本来就不是那么重要。真正重要的是你运用它们进行何种运算。

在《积分和方程计算法》中，花剌子模第一次对方程做了认真的分析，并就如何解决这些问题给出了详细的说明。这就使得代数学成为一门学科，并为花剌子模所处的时代的科学家和官员运用数学技巧解决实际财政问题提供了宝贵的指导。

方程与未知数

如果一个数与 4 之和为 9，那么这个数是多少呢？花剌子模考虑了类似的问题，并用散文的方式记录了它们。现在我们喜欢用符号，习惯地把未知数用字母 x 表示。问题变为寻找 x，使其满足 $x+4=9$，这就是一个方程，求解方程就是寻找 x 的值。

当然，这个问题的答案是显然的。然而花剌子模觉察到，沿着一个确定的步骤可以求解所有这种类型的方程。花剌子模描述这个方程为“完整”（al-jabr）或“平衡”（al-muqabala）方程。该过程也是目前全世界教授学生的步骤。本质上，这意味着方程两边必须同时进行某种运算使得方程仍成立。花剌子模对方程两边同时减去 4 仍使得方程平衡，方程左边减去 4，将会去掉“+4”。为了使方程成立，方程右边应该向左边一样，$x=9-4$，因此 $x=5$。类似地，求解方程 $2x=12$（是 $2\times x=12$ 的简写），花剌子模的规律是两边同时除以 2，我们得到 $x=12\div 2=6$。

通常，各种运算需要结合在一起才能求解方程，比如 $3x+5=11$，首先方程两边同时减去 5 得到 $3x=6$，然后两边同除以 3 得到 $x=2$。花剌子模的著作在这个领域的价值在于他仔细罗列了已经被数学家使用了几个世纪的技巧方法，但他并没有满足于此。

二次方程

当出现未知数与未知数的乘积时，方程就变得复杂困难。花剌子模的最大突破就是解一元二次方程。一个简单的例子，$x^2=16$（x^2 代表 $x \times x$，我们要求 x），我们需要一个数的平方（即自身乘以自身）结果是 16。现在我们称这个数为 16 的平方根，记为 $\sqrt{16}$。不难想到一个值——4（事实上，需要着重指出的是，根据负数的运算规则见第 10 页，−4 同样是一个正确的答案）。

然而一些二次方程更为复杂，例如 $x^2-5x+6=0$，即使在现代计算器的帮助下，也很难有一个确切的步骤求解这个方程。虽然写出来的话，它的方法相当于现代世界各地的课堂上采用的公式。对任意形如 $ax^2+bx+c=0$（a，b，c 是一些常数且 $a \neq 0$）的两个解，可以通过公式：

$$x = \frac{-b \pm \sqrt{b^2 - 4ac}}{2a}$$

求解。在上面的例子中，这个公式给出其解为 $x=2$ 或 $x=3$。

如何把花剌子模的求解公式应用到更复杂的方程上，是中东和欧洲代数学领域的一个主要的驱动力，1545 年，吉罗拉莫·卡尔达诺所著的《大术》使之达到了顶峰。

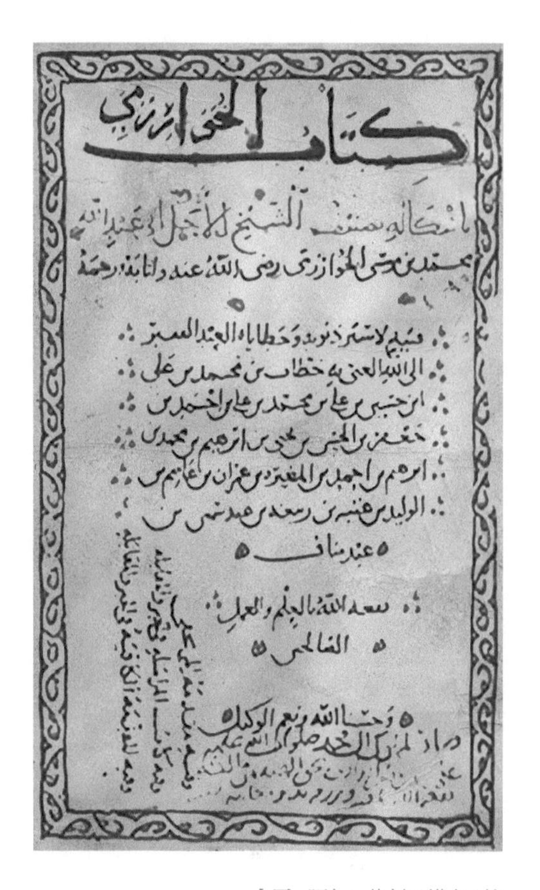
كتاب الخوارزمي

上图： 阿尔·花剌子模在《算术》一书中引进了“代数”一词并写下了二次方程的求根公式。

21

组合学

突破：排列组合是组合学最基本的概念。所谓排列，就是指从给定个数的元素中取出指定个数的元素进行排序。组合则是指从给定个数的元素中仅仅取出指定个数的元素，不考虑排序。排列组合的中心问题是研究给定要求的排列和组合可能出现的情况总数。二项式定理的出现是解决这一问题的有力工具，同时也是组合学的一座里程碑。

奠基者: Pingala（约公元前 200 年）、Abū Bakr ibn Muhammad ibn al-Husayn al-Karajī（953 年—1029 年）、布莱兹•帕斯卡（1623 年—1662 年）。

影响：帕斯卡三角和二项式定理在组合理论、开高次方、高阶等差数列求和以及差分法中都有广泛的应用。同时，更复杂的组合问题继续困扰着现代思想家。

组合学是分析一列对象可排成不同序列的排法数目或取出一部分的不同取法的数目。组合学问题是很有用的，可是通常是比较难的，它们本身发生在数学和科学中。通过著名的二项式定理，组合学也对理解代数学起着重要作用。

如果一个房间有 5 个人，选择 3 个去参加一个游戏，有多少种可能的选择？当然，答案不是一目了然的。但是像这样的组合问题会在很多种情况下发生，不管是科学还是日常生活。从数学本身来看，他们在概率理论学习中相当重要。

左图：人类基因组中的一段，其中黄色、绿色、红色和蓝色分别代表不同的碱基对。识读这段基因需要仔细的组合分析。在基因中，具有 30 亿对碱基对，所有可能的不同子序列的个数增长快速以致很快就失控了，这使得寻找这段基因成为一个挑战。

阶乘数

对排列组合问题的最初洞见涉及现代数学家称之为阶数的理论。如果房间中的 5 个人站成一排，他们有多种不同的站法？站在最前面的人有 5 种选择。一旦第一个位置定下来，第二位置有 4 种可能的选择。第三个位置有 3 种，以此类推，一旦前 4 个位置被确定下来，那个剩下的人只能站在最后。这表明站法有 $5\times4\times3\times2\times1$ 种。自从 19 世纪早期以来，数学家就开始用记号 5! 来表示所有可能的站法，5! 读作“5 的阶乘”。因

60 个人排列的不同方法数超过了在可见宇宙中的原子总数。

此，5!=120，这开始表明阶数是一个增长巨快的函数。10! 大约是 3.6 亿，而 60!（60 个人排列的不同方法数）超过了在可见宇宙中的原子数。这给我们一个重要启示：仅靠实验不能解决很多组合数的问题。需要一个更抽象的方法，这一问题大约在公元前 800 年由印度数学家开始研究。

排列与组合

阶数可以用于分析更复杂的情况，比如：一个房子的 5 个人中，3 个人站成一排。所有可能的站法可由 $5\times4\times3$ 给出。写成阶数的形式：$\frac{5!}{2!}$，即$\frac{5!}{(5-3)!}$。这表明计算的一般规律。在现代术语中，从 n 个人中选 r 个人站成一排，所有可能排列的数目可表示为$\frac{n!}{(n-r)!}$，可是这并没解决那个选择参加游戏者的问题。即使有相同的人，他们的排列也可以是不同的，这正是顺序问题。但是如果我们只关心选出的人数，不关心他们的顺序，那就是一个组合问题而不是排列问题。从 n 个人中取 r 个人的组合数比对应的排列数小，因为同样一群人可以按不同的顺序排，实际上，共有 $r!$ 种不同顺序。这表示组合数应是排列数除以 $r!$，即：

$$\frac{n!}{(n-r)!\times r!}$$

若从 5 个人选 3 个人，则不同的选法共有：

$$\frac{5!}{2!\times 3!}=10$$

这些组合数可以从帕斯卡三角中直接读出。帕斯卡三角是数学中最有名的事物之一，在中国一般称它为杨辉三角。

帕斯卡三角

由 1 开始, 在 1 的下一行再写 2 个 1, 其余各行都以 1 为开始和结尾, 中间的每个数字都是它肩膀上两个数字的和,这种简单的方法可以延伸到任意多行,从而生成一个漂亮的三角形。

这个三角以 17 世纪法国著名学者布莱兹・帕斯卡的名字命名。但是，有几个更早的思想家已发现了这个三角形。它的首次记载是出现在 Pinala 的著作中。Pinala 是一个印度文学理论家，大约公元前 200 年，他写了名为《Chandahsutra》的一本书。可是直到很久以后，帕斯卡三角所隐藏的思想才得到充分研究。在 1303 年，这个三角形又被中国数学家杨辉重新发现，并在《详解九章算术》里解释这种形式的数表。所以这个三角形数表也称为“杨辉三角”。

关于帕斯卡最神奇的是组合数可以直接读出。例如，那行 1，5，10，10，5，1 分别列出了从 5 个物体中选取 1 个、2 个、3 个、4 个和 5 个物体的方法数，即选 1 个有 5 种选法，选 2 个有 10 种，3 个有 10 种，选 4 个有 5 种，选 5 个只有 1 种（该行的开始的数，可以理解为从 5 个中选 0 个有一种取法）。

上图：很多性质隐藏在帕斯卡三角形中。初始行 1 后的斜线按顺系列出整数，其后的斜线分别列出三角数、四面体数以及更高维几何体的数。

在帕斯卡三角中，有很多其他漂亮的性质。例如，三角数指可以组成正三角形的所需球的个数。所有三角数正好位于帕斯卡三角的第三条斜线上——1，3，6，10，15，等等。

二项式定理

二项式定理给出两个数之和的整数次幂展开为类似项之和的恒等式，即 $(a+b)^n$ 的代数展开式。帕斯卡三角与二顶式定理不仅对计算物体数目有用，而且它们在代数中也扮演着重要角色。代数学家经常遇到有几个括号连乘的表达式。例如表达式 $(1+x)^2$ 指 $(1+x)\times(1+x)$。展开后可得 $1+2x+x^2$，而：

$$(1+x)^5=1+5x+10x^2+15x^3+5x^4+x^5$$

这涉及的数字直接取自帕斯卡三角的第 6 行。这个有名的事实让数世纪的数学家避免了很多小时的繁琐计算。纯手算 $(1+x)^5$ 需要 32 个独立步骤，很容易出错。但是有了帕斯卡三角形，这个结构很快就可写出。可是根据二项式定理，这个结果可以直接写下来，甚至不需要计算帕斯卡三角形的整个前 5 行。二项式定理给出两个数之和的整数次幂展开为类似项之和的恒等式，即 $(a+b)^n$ 的代数展开式。在大约 1000 年，二项式定理由阿拉伯数学家 Al-karaji 首次给出证明。

二项式定理与杨辉三角形是一对天然的数形趣遇，它把数形结合带进了计算数学。求二项式展开式系数的问题，实际上是一种组合数的计算问题。用系数通项公式来计算，称为“式算”；用杨辉三角形来计算，称作“图算”。

22 斐波那契数列

突破：毕达哥拉斯学派研究的黄金分割与最早由古印度数学家所仔细考虑的斐波那契数列有着密切的关系。

奠基者：毕达哥拉斯学派（公元前570年—公元前475年）、列奥纳多·斐波那契数列（1170年—1250年）、皮葛拉（约公元前200年）、约翰内斯·开普勒（1571年—1630年）、雅克·比奈（1786年—1856年）。

影响：斐波那契数列和黄金分割的名声超越了数学并进入大众文化。

数学家们都对出现在几何中的很多漂亮的物体非常着迷。但是随着时间的推移，一个特别的话题开始代表几何的完美现象。相同的数学现象出现在不同的场景中。

毕达哥拉斯学派的标志是五芒星即五角星。他们赋予这一图形神秘的重要性。在五芒星的边上隐藏着一个特别的数，它将是几何完美观的代表。

五芒星和黄金分割

五芒星的一边与另外一边的交点将这条边分成长度不等的两部分。然而，当你观察各个部分的比值时，就会出现一个关于数字的完美对称，即整条边的长与长线段的比值等于长线段与短线段的比值。记长线段的长为 a，短线段的长为 b，则关于它们的比值可表示为 $\frac{a+b}{a}=\frac{a}{b}$。

通过这个式子，可以计算出这两个分式的值。今天我们把它称为黄金分割。通常用希腊字母 ϕ(*phi*) 表示，它的准确值是 $\phi=\frac{1+\sqrt{5}}{2}$，是个无理数（见第21页，第6篇），但它不是超越数（见第189页，第48篇）。它的近似值是1.618。在代数中，ϕ 因为满足方程 $1+\phi=\phi^2$ 而更加有趣。

左图：向日葵中的螺线条数总是一个斐波那契数。在这一情形下，一个方向的螺线条数是21，在另一方向的是33。同样的现象也在其他地方发生，如菜花和菠萝的螺线。

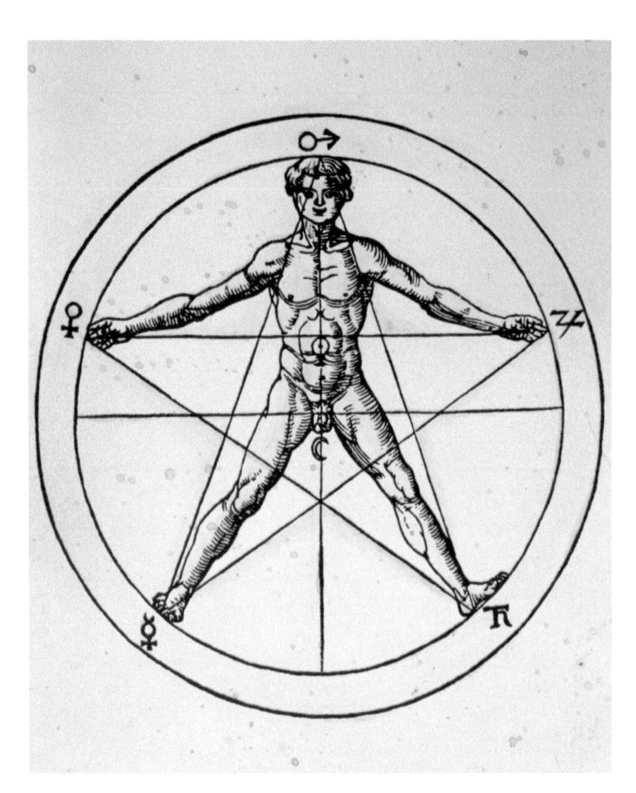

上图：神秘学者海因里希·科尼利厄斯在16世纪画了这幅把人内接于一个五角星上的人体图，这幅图是大量试图把黄金分割与人的体形联系起来的尝试之一。五角星和黄金分割在历史上一直是一个相当迷信的话题。

不是只有毕达哥拉斯学派研究黄金分割，欧几里得在《元素》一书中也有讨论，并将它命名为“极平均的比值”。欧几里得给出了如何用尺规作图来构造黄金分割的方法。

艺术中的黄金分割

集艺术家、雕刻家和建筑师于一身的菲狄亚斯生活在公元前15世纪。据说他第一个意识到黄金分割的美学。事实上，符号 ϕ 以他的名字命名 。不幸的是，虽然菲狄亚斯雕刻的12米高的宙斯巨像被认为是古代世界的奇迹之一，但没有一件他的作品得以保留至今。

从菲狄亚斯开始，包括列奥纳多·达·芬奇和萨尔瓦多·达利在内的几位艺术家对 ϕ 有着浓厚的兴趣。人们常常认为长与宽的比为黄金分割率 ϕ 的矩形是最令人愉悦的图形。但是， 从心理上对此结论的验证从来没有完全令人信服过。

黄金矩形确实具有非常漂亮的数学性质，如果你从该矩形中去掉一个边长为矩形宽的正方形，出乎意料的是，剩下的这个小矩形仍是黄金矩形。重复这个过程，再去掉一个正方形得到一个又小一点的黄金矩形，形成了一个从大到小嵌套、面积递减的黄金矩形列，这是一个非常优美的图案。通过连接这些矩形的顶点，形成一个黄金螺旋线，这条曲线与对数曲线（见第134页，第34篇）非常接近。

斐波那契数列

黄金分割与另一个最早起源于印度在数学界更有名气的问题紧密相连。以斐波那契这个名字而著名的比萨的列奥纳多，在他年轻的时候，在地中海沿岸的阿拉伯国家旅行。这次旅行最重要的成果是他把印度－阿拉伯数字引入了欧洲（见第65页，第17篇）。另一个发现是出现在他的著作《计算之书》中的一个序列。这个序列最早由印度文学理论家皮葛拉（Pingala）在1000年前分析诗歌的长度时发现的。斐波那契数列具有如下形式：

$$1,\ 1,\ 2,\ 3,\ 5,\ 8,\ 13,\ 21,\ 34,\ 55,\ \cdots$$

这个数列具有这样的特征，后一个数等于它前面两个数之和。

该序列已成为出现在自然界中不同的地方数学的一个代表。许多花的花瓣数正好就是斐波那契数（斐波那契数列中的成员）。在某些类型的仙人掌、松果、菠萝和其他类型的植物上的螺旋线条数也是斐波那契数。

黄金矩形确实具有非常漂亮的数学性质，如果你从该矩形中去掉一个边长为矩形宽的正方形。出乎意料的是，剩下的这个小矩形仍是黄金矩形。

比奈公式

斐波那契数列和黄金分割之间的关系可以通过下面的序列展示出来：

$$\frac{1}{1},\frac{2}{1},\frac{3}{2},\frac{5}{3},\cdots$$

约翰内斯·开普勒证明了，当斐波那契数列趋向于一个无穷数列时，新数列越来越接近一个常数。特别是，这个常数就是黄金分割数 ϕ。

因此，ϕ 也就出现在斐波那契数列的通项公式中。如果你想计算第50个斐波那契数，则不需要计算中间的前49个，这个公式可以帮你直接到达“目的地”。虽然莱昂哈德·欧拉、丹尼尔·伯努利和其他人都曾独自推得这个通项公式，但是却以雅克·比奈的名字命名，雅克·比奈在1843年发现了这个通项公式，第 n 个斐波那契数是：

$$\frac{1}{\sqrt{5}}[\phi^n+(1-\phi)^n]$$

当 n=50 时，计算得到12，586，269，025。

23 调和级数

突破：尼克尔·奥里斯姆第一个意识到无穷多个数相加是一件非常奇妙的，可以产生一些惊人的结果。

奠基者：尼克尔·奥里斯姆（1832年—1882年）和彼德·满高利（1612年—1686年）。

影响：调和级数是无穷级数理论第一个深奥的事实，至今，调和级数理论仍是数学中最复杂的问题之一。

当你尝试把无穷多个数相加时，结果会怎样？在14世纪，尼克尔·奥里斯姆解决了这个问题。到了18世纪，莱昂哈德·欧拉再一次关注这个问题并取得了令人瞩目的成果。

像中世纪（中古时代）许多学者一样，尼克尔·奥里斯姆不仅是一位学术专家，而且他还研究一切他所能研究的课题。他是一个哲学家、物理学家，他也对早期经济学有着重要的影响，同时他还是一位无神论者。几乎比哥白尼早200年，奥里斯姆认识到移动的夜空可以用旋转的球来解释（虽然他最终顺应了当时的普遍观点——是夜空在转而不是地球在转）。

在奥里斯姆的手稿中埋藏着一个重大数学定理的首次证明，之后遗失了数百年之久，直到被17世纪的数学家们如彼德·满高利再次发现。奥里斯姆取得了关于加法的突破，这一数学中最古老最熟悉的运算。可是奥里斯姆提出了这样的问题：当一个人试图把无限个数而不是有限个数相加时，结果会怎么样呢？

左图： 调和级数中的数不仅对数学来说很重要，对音乐来说也很重要。在音乐中，这些数表示一个基音的和弦音。将不同的和弦音叠在一起产生不同音色的声音，从而不同的乐器有它们的特征声音。

收敛和发散级数

在很多情况下，这种无穷个数求和的问题是没有意义的。如果你想计算出1+2+3+4+5+…，这个和没有限制地增长。加到14之后，总和会超过100，加到45之后，总和超过1000。越来越多的数相加，其总和会超过你给的任何数，这就是所谓的发散级数。

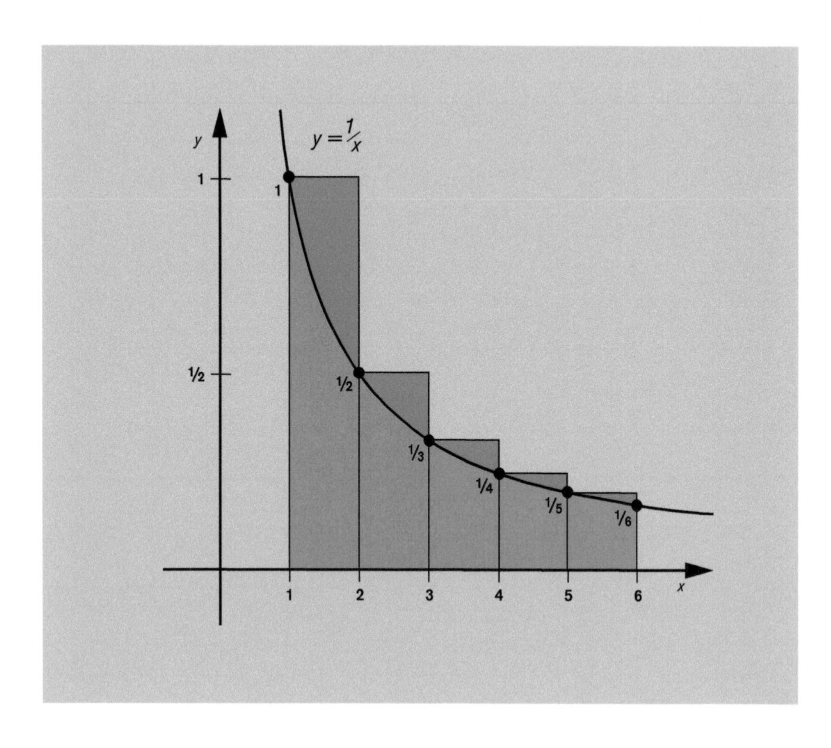

另一个例子是 1+1+1+1+1+…，结果第一次得到 1，第二次是 2，第 100 次是 100 等。

在这些例子中，试图求无限多个数的和只能是徒劳。很多情况都是如此，但是在某些情形下，却是另一回事。例如，求 0.9+0.09+0.009+0.0009+0.09+…，其和依次为 0.9，0.99，0.999，0.9999，…随着越来越多的数的加入，和越来越接近于 1，但是永远不会达到或者超过 1，这是收敛级数的一个例子。

调和级数

这两个例子中，明显区别是在收敛的那个例子中，依次被加的数越来越小。不难看出这是收敛的一个必要条件。所以奥里斯姆思考分数形级数$1+\frac{1}{2}+\frac{1}{3}+\frac{1}{4}+\frac{1}{5}+\cdots$会怎么样？这个级数被称为调和级数。因为类似于$\frac{1}{2}$，$\frac{1}{3}$，$\frac{1}{4}$，… 的分数是音乐数学的中心（相对于一个给定的音，具有由这些分数频率的音是和声、八度音、完美五度音和完美四度音等）。

上图：红色区域表示曲线$y=\frac{1}{x}$下方的面积，而所有的矩形的面积给出调和级数。虽然这两个面积都是无穷大的，但是这两个面积的差（蓝色区域）却是一个固定的有限数称为“欧拉-马歇罗尼常数”，约等于 0.557。

毕竟，乍看起来，好像这些和音频形成的级数似乎应该收敛到某个固定的有限数。每一项都比前一项小，当一直加到百万分之一时，很难想象和将变成很大的数。但是尼克尔·奥里斯姆提供了一个简单而戏剧性的证明。即证明这个是不可能收敛的，事实上，该调和级数无限增长。与表面上相反，此调和级数是发散的。使这个发现更惊人的是，前几项之后，这个级数增长得这么慢，以至于几乎不能感知。使和仅达到 10 就需要 12 000 多项加一起。和达到 50 需要 10^{20} 多项（这个数是 1 后面有 20 个零），每秒加 1 项，求 10^{20} 项的和需要的时间比宇宙的年龄还长，可是，就像奥里斯姆所证明的，这个级数最终会超过你给的任一个数，即使它需要超乎想象长的时间来达到这个数。

尼克尔·奥里斯姆指出，无限级数的常识性的逼近是不够的，因为它们的行为不是很显然。在 17 世纪，这个见解被重新发现，它带来的问题多于它能解决的问题。例如，如果级数限定在素数上：$1+\frac{1}{2}+\frac{1}{3}+\frac{1}{4}+\frac{1}{5}+\frac{1}{7}+\frac{1}{11}+\cdots$ 或平方数$1+\frac{1}{4}+\frac{1}{9}+\frac{1}{16}+\frac{1}{25}+\cdots$（即$1+\frac{1}{2\times2}+\frac{1}{3\times3}+\frac{1}{4\times4}+\frac{1}{5\times5}+\cdots$），结果将会怎样呢？

巴赛尔问题

与表面相反，此调和级数是发散的。使这个发现更惊人的是：前几项之后，这个级数增长的这么慢，以至于几乎不能感知。

这些问题降临在当时最伟大的莱昂哈德·欧拉的身上。在 1737 年，他证明了素数级数与调和级数服从相同的变化趋势，它们是发散的（可是平方级数却是不同的，彼德·满高利独立地重新发现更慢）奥里斯姆的定理注意到平方级数逃逸不到正无穷，而是收敛到某个有限数上，但是不能回答这个提问——这个神秘的有限值是多少？在 1644 年，他抛出这个问题作为数学界及他同时代的人的挑战，不是只有最有才华的人才有机会遇到这样一个难题，相传称为“巴赛尔问题”，问题形式很简单，求 $1+\frac{1}{4}+\frac{1}{9}+\frac{1}{16}+\frac{1}{25}+\cdots$的值。

在 1735 年，最终由欧拉通过使用新的充满想象的方法找到了答案。这个答案十分出人意料，这个级数的极限是$\frac{\pi^2}{6}$（$\frac{\pi\times\pi}{6}$大约等于 1.645）。

有关无穷级数的问题当然是令人兴奋的谜团，但是它们又不仅是这样。来源于奥里斯姆突破性的微妙而复杂的方法，发展成为“数学分析”的现代学科。这个领域的核心问题是黎曼假说（见第 197 页），这里黎曼 Zeta 函数是奥里斯姆和欧拉级数的一种推广。

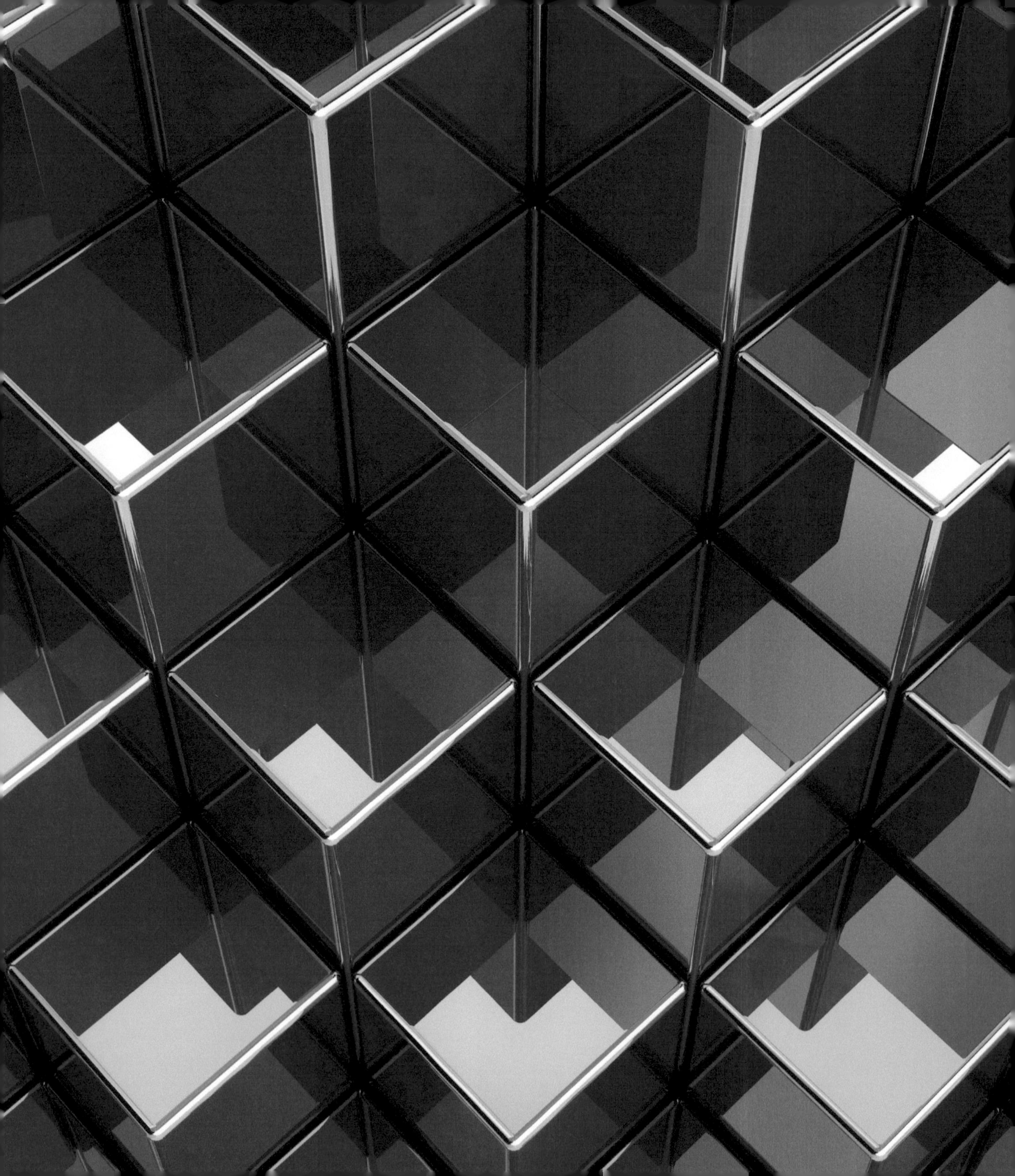

24 三次方程和四次方程

突破：卡尔达诺的《大术》中包含求解三次和四次方程的高超技巧。

奠基者：吉罗拉莫·卡尔达诺（1501 年—1576 年）、洛维科·费拉里（1522 年—1564 年）希皮奥内·德尔费罗、尼科洛·冯塔纳（1500 年—1557 年）。

影响：《大术》标志着代数一个时代的结束，它里面的方法在今天也是无价的。

解方程是过去几个世纪中数学界的中心议题之一，在 16 世纪的意大利更是如此。这个时代最大的挑战就是找到求解三次和四次方程的方法。在卡尔达诺的跨时代著作《大术》中，这两个问题都被攻克。

随着不断取得的进展，解方程在当时顶级理论家中引起了激烈的智力角斗。吉罗拉莫·卡尔达诺、洛维科·费拉里、希皮奥内·德尔费罗和尼科洛·冯塔纳互相挑战以至于成为公共比赛，他们把一切赌在这些成列的、让对方解决的魔鬼难题上。当他们剽窃彼此的工作，或者公开了他们发誓要保守的秘密时，可怕的纠纷产生了。这是一个知识分子的熔炉，在这里声誉被建立而又被毁掉。在数学的这个特别阶段，所产生的数学成果在 1545 年的著作《大术》中展示出来。这本书第一次给出了三次和四次方程的定义性描述。

方程与解

求解一个方程意味着根据一些关于未知数的间接信息来确定这个未知数。例如，如果有一个数的两倍是 6，那么这个数必须是 3，记做 $2\times x=6$，这里字母 x 代表未知数，事实上，代数上习惯省略乘号，即 $2x=6$，方程的解是 $x=3$。

通常未知数要经历多次运算。一个数的 3 倍加上 4 得 25，那么这个数是多少呢？这样的问题可以根据逆运算很容易得到答案。首先，25 减去 4 得 21，然后，除以 3 抵消原来的乘以 3 ，得到答案 7。这个问题可以写为 $3x+4=25$，其解为 7。

左图：这张立方体的照片严格上说并不是一张照片，而是使用光线追踪软件在计算机上创建的。这种技术通常需要求解大量的三次方程。即使在今天，它采用的方法仍是卡尔达诺的《大术》中所给出的方法。

尽管俄默·伽亚谟在大约 1100 年已经取得了实质性进展，这些方程仍持有足够的弹药为意大利文艺复兴时期的数学家作战。

数千年来，人们都只理解涉及未知数与已知数（量）的加、减、乘和除的运算的问题，根据实践，问题是可以按照上面提到的步骤去解决的。所做的就是依次进行逆运算直到得到答案。但是当出现未知数与其自身相乘时，问题就变得复杂起来。

如果一个数乘以它自身得 9，那么这个数是多少呢？我们记做 $x^2=9$（其中 x^2 是 $x\times x$ 的缩写）。这个问题不难去解决，显然 3 满足这个方程。但是进一步的数学理解出现了一个惊喜，这个方程允许第二个解。根据负数运算法则，$(-3)\times(-3)=9$ 也是正确的，因此 -3 同样是方程的解，这说明涉及“x^2”的方程一般有两个独立的解。

利用幂的记号，上述的方程可以记为 $x^2=9$，它有两个解：$x=3$ 或 $x=-3$。一个更复杂的方程是 $x^2-5x+6=0$，这里未知数首先和它自身相乘，然后减去自身与 5 的乘积，最后加上 6 得到结果 0。困难在于不能按上述的逆运算去求解含有 x^2 项的方程。像这样含有 x^2 项的方程称为二次方程。这个方程的两个解分别是 2 和 3。知道了结果就很容易验证它们的正确性。但是首先，怎么找到它的解呢？

正是 19 世纪的数学家穆罕默德·本·穆萨·阿尔·花剌子模，以他关于代数的著作而出名，第一个发现解决任意一元二次方程的求根公式（见第 77 页，第 20 篇）。自此，这个求根公式就印入每代学生的大脑里。考虑如下的方程：

$$ax^2+bx+c=0$$

其中 a、b、c 为任意三个数（$a\neq 0$），则它的解可以通过如下公式得到：

$$x=\frac{-b\pm\sqrt{b^2-4ac}}{2a}$$

（取“±”中的 + 可以得到第一个解，取 − 可以得到另一个解）

三次与四次方程之争

虽然首次利用一元二次方程求根公式的学生可能会被吓倒，但是一旦你运用它之后，你会发现它非常的简单。在发现这个公式之后，阿尔·花剌子模就合上了有关一元二次方程的书。只需应用这个公式，每一个一元二次方程都可以求解。可是对加入了 x^3（即 $x \times x \times x$）项的三次方程来说，通常有 3 个解，求解它的这三个解完全是另一回事。对具有 x^4 项、有 4 个解的四次方程进行求解就更加复杂了。尽管俄默·伽亚谟在大约 1100 年已经取得了实质性进展，这些方程仍持有足够的弹药为意大利文艺复兴时期的数学家作战。一旦找到，它们的求根公式远远超过了阿尔·花剌子模的关于一元二次方程的求根公式。

下图： 红线是三次函数曲线，蓝色是四次函数曲线。求解对应的方程就是找到曲线与水平轴的交点。一般地，三次方程有 3 个根，四次方程有 4 个根。

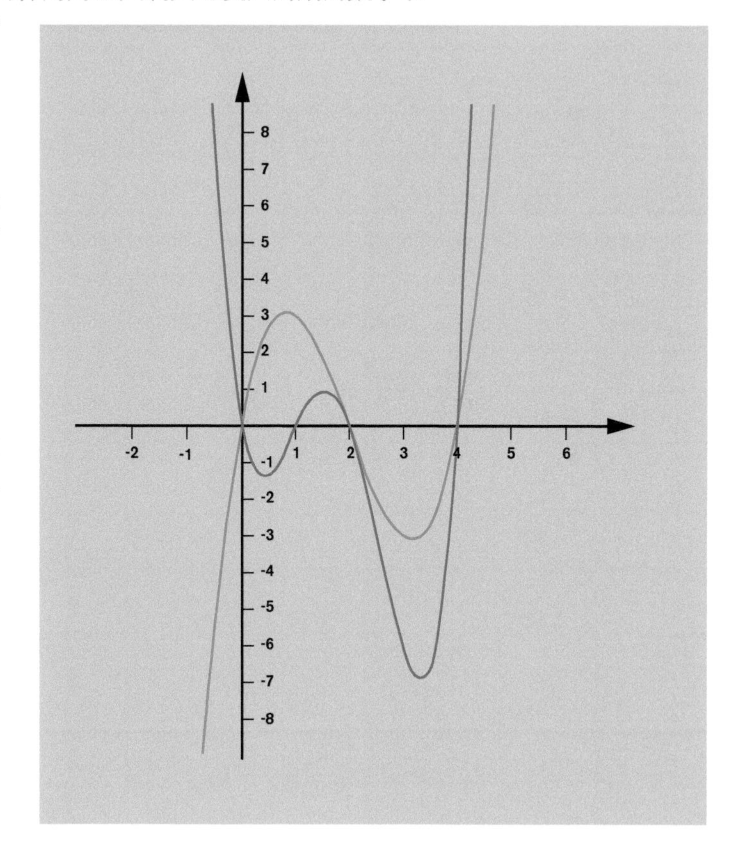

在著作《大术》中，卡尔达诺完整给出了求解这两类方程的求根公式。他把一元三次方程的求根公式归功于尼科洛·冯塔纳（通常被人们称为塔塔里亚，意思是“结巴”）和希皮奥内·德尔·费罗，而把四次方程的求根公式归功于卢多维科费·拉里。

《大术》的发表在代数史上是一个件重大事件。但它不意味着求解数学方程的结束，下一个是有 5 个解的包含有 x^5 项的五次方程。但这里的一大惊喜仍藏在深处，直到 1820 年才被透露出来。

25 复数

突破：邦贝利在一扩大的数字系统上写下了运算法则，这一系统包含着称为“虚数”的数。

奠基者：拉斐尔 • 邦贝利（1526 年—1572 年）希皮奥内 • 德尔费罗、尼科洛 • 冯塔纳（1500 年—1557 年）。

影响：复数为几乎所有现代数学分支构成了最主要的背景，同时也对理解物理学科中的量子力学起着非常重要的作用。

在历史的某些时刻，数学家不得不去彻底重新评估他们关于数的概念。在 16 世纪，这样的一个时刻来临了，研究人员突然发现自己正面对着出现在公式中的“虚数”。拉斐尔 • 邦贝利迎难而上，他在一个扩充的数字系统上写下了运算规则，如今这个数字系统被称为“复数”，这个问题成为数学上一个宏伟的突破。如今，帮贝利的数系仍是大部分现代数学得以进行的背景。

数字系统的上一次扩充是引入了负数（见第 73 页）。事实上，负数已经包含了更抽象的被称为“虚数”的萌芽。线索隐含在负数乘法中。

复数的运算法则

一个负数与一个正数的乘积是负数，这一点也不奇怪，例如 $3 \times (-2)=-6$。常见的错误是两个负数的乘积仍为负数。事实上，两个负数的乘积为正数，例如 $(-3) \times (-2)=6$。这可引出一个重要的结论就是数与自身的乘积总是正数，一个正数乘以自身得到一个正数，如 $2 \times 2=4$。与此同时，一个负数和它自身的乘积也为正数，如 $(-2) \times (-2)=4$。总结起来就是：没有任何数与自身乘积能得到一个负数。如果在数学家的研究过程中需要一个数使得它与自身相乘得到 -1，则他们就被困住了。表达式 $\sqrt{-1}$ 不与任何已知数对应。另外一种叙述方式就是方程 $x \times x=-1$（$x^2=-1$）似乎是无解的。

左图： 光合作用，植物通过其将二氧化碳转化成氧气，依靠在原子水平量子效应。要准确地描述这一过程需要用到复数。

邦贝利代数

在大多数情形下，像 $x^2=-1$ 这样无解的方程被认为是无意义的。这仅是生活中的一个事实，数百年来，数学家们与这一问题相安无事。但在 17 世纪意大利的代数温室里，它开始呈现出严重的不便。当研究人员如吉罗拉莫・卡尔达诺正试图求解困难方程像三次或四次方程（见第 24 篇）时，发现在他们的研究过程中经常出现类似于 $\sqrt{-1}$ 的表达式。面对这些表达式，数学家们进退维谷。最简单的处理方法是放弃运算，毕竟它似乎是毫无意义的式子。但是一些人发现如果坚持计算下去，这些表达式的问题有时会自行消失。很快，他们找到了像 $\sqrt{-1}\times\sqrt{-1}$ 的表达式，其实可将 -1 取代。引人关注的是，尽管推导过程显然是毫无根据的，但是最后出现的结果却是完全正确的。

在 1572 年，这个方向取得了一个突破，因为拉斐尔・邦贝利出版了《代数学》一书，这本书包含在一个扩大的新数系上的运算法则，这个数系包含了像 $\sqrt{-1}$ 这样的量。随后，勒内・笛卡尔嘲笑地称 $\sqrt{-1}$ 为“虚数”，这一偶得的名字一直沿用至今。笛卡尔不是唯一一个不喜欢虚数的人。卡尔达诺抱怨说，运用虚数进行研究工作简直就是一种“精神折磨”。毫无疑问，这影响了随后几个世纪的学生。尽管有这些保守派，这一时代的数学家逐渐开始接受邦贝利的运算法则，并且开始大胆地去运用类似于 $\sqrt{-1}$ 的量。然而，这些数学家并没有完全承认它们是真正的数。

虚数单位——i

笛卡尔不是唯一一个不喜欢虚数的人。卡尔达诺抱怨说，运用虚数进行研究工作简直就是一种“精神折磨”。

直到一位历史上最伟大的数学家接受邦贝利的扩展的数字系统，这个数字系统才完全从冰窖中解脱出来。在 18 世纪，莱昂哈德・欧拉赋予了 $\sqrt{-1}$ 的名字：i 或者虚数单位。其他的虚数就是 i 的倍数：比如 $2i$，$-3i$ 和 $\frac{2}{3}i$。然而，邦贝利的数字系统不仅包括实数（例如 2，-1 和 π）和虚数，还包含实数与虚数的组合：$2+2i$，$-1-3i$ 和 $\pi+\frac{2}{3}i$。总而言之，复数系统为现代数学提供了背景。

欧拉研究这一新数系能否进一步改善，认识到所熟知的知识，比如来自数百年的三角几何的有名的三角函数，当推广到复数域上时，将呈现出全新的面貌。这一发现引导欧拉得到他最著名的公式：欧拉公式（见第 38 篇）。在奥古斯汀－路易斯・柯西的著作中，新近发展的积分理论（见第125页）在复数中找到了一个很好的归宿。因此，复数的潜能不断被挖掘。复数的辉煌地位在于19世纪早期代数基本定理的发现。

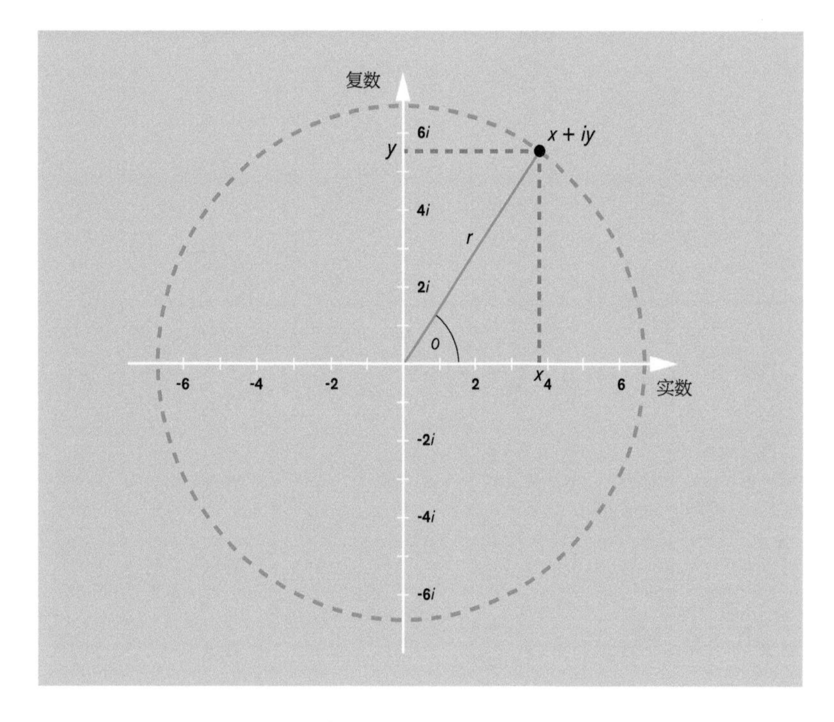

上图：阿尔冈图将复数描绘成二维平面，任一复数如 $x+iy$ 都可用角度 θ 和长度 r 表示。

复几何

在大约1800年，有关复数的高深理论正在被证明，卡斯帕尔·韦塞尔和罗贝尔·阿尔冈最终找到了解除伴随复数这一“精神折磨”的方法。他们发现这一数系有一个几何表示。如果实数沿一条从左向右的水平直线分布，虚数沿一条竖直直线垂直分布，则整个复数系就对应于整个平面。这种表示复数的方法为几何设置了一个极佳的场景。例如，用 i 乘等价于绕原点逆时针旋转90°，而用 −1 乘等价于关于竖直轴做了一个对称。几何和代数思想的交融在之后数年中的意义是深远且重要的。

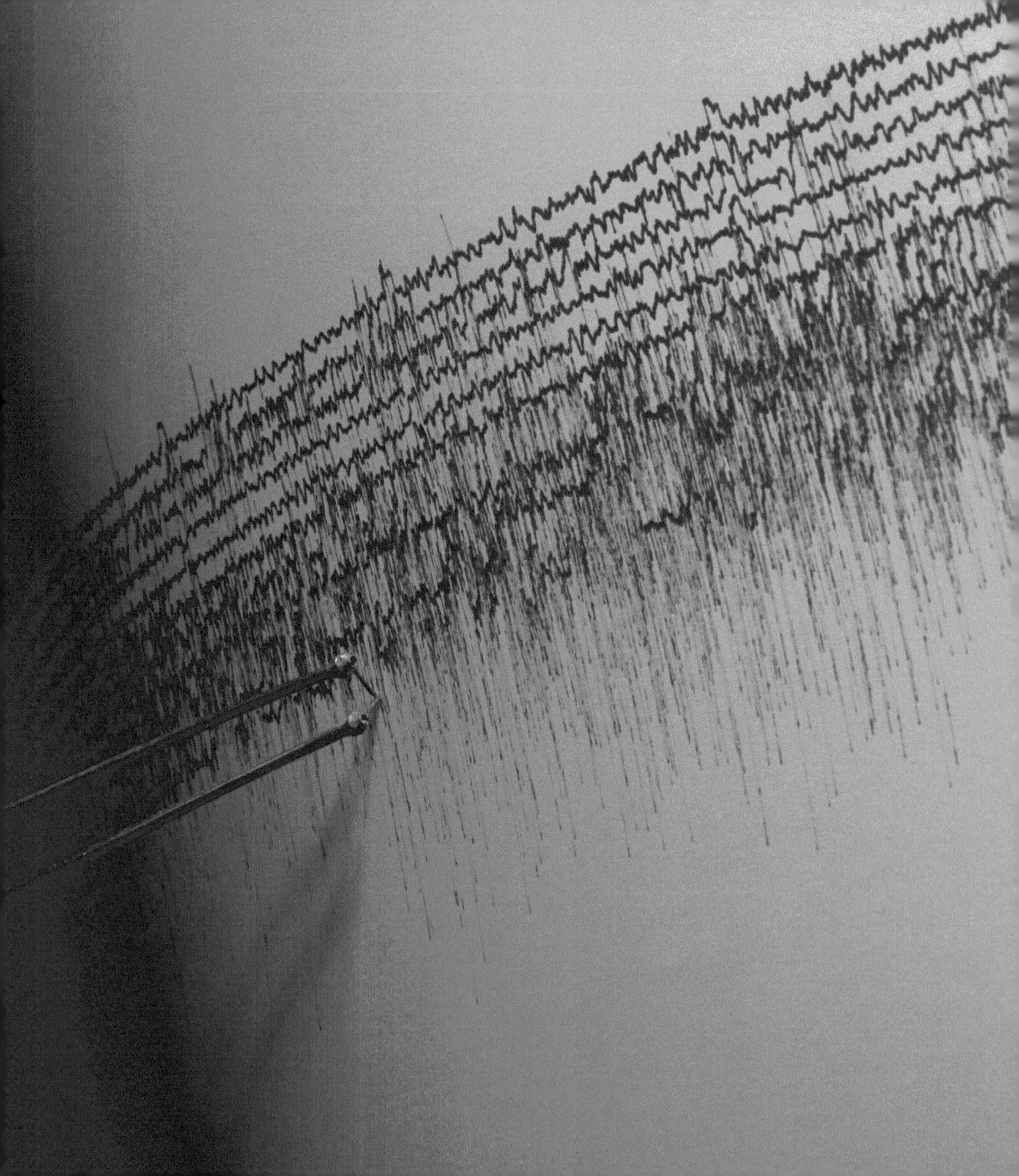

26 对数

突破：对数是由纳皮尔在 1594 年发现的，对数运算与幂运算是相对的，并且引起了整个科学领域的兴趣。

奠基者：约翰·纳皮尔（1550 年—1617 年）、亨利·布里格斯（1561 年—1630 年）。

影响：数世纪以来，不管对科学家还是对工程师，对数表都是非常宝贵的工具。现在，因与指数函数深层的密切联系，使对数仍充满了极强的数学趣味。

在过往的很多年中，很多人习惯地把对数表放在手边用来帮助进行乘法和除法运算。在 20 世纪后半叶，便携计算机最终将对数表推入历史。但是，在级数和积分的深层数学领域中，那引人入胜的发现确保了对数本身永不过时。

在 16 世纪后期，约翰·纳皮尔开始研究他后来称为“人造数”的数。他发现了一种方法，可以将复杂的乘法运算转化为相当简单的加法运算。为了求得两个数的乘积，如 4 587 和 1 962，他首先计算这两个数的人造数并求它们的和。然后将这两个人造数的和进行反人造运算，即计算那个原数使得它的人造数就是这个和。虽然这个过程没有涉及乘法运算，但所得的结果确实是原来那两个数的乘积——8 999 694。

纳皮尔的对数

左图：地震仪用来测量地震的威力。衡量地震强度的、国际上通用的里氏震级表正是对数运算：测定为 3 级的地震强度是测定为 2 级的地震强度的 10 倍。

不久，纳皮尔给他的人造数起了一个更好的新名字——对数。今天，我们明白对数只是幂运算的逆运算。幂运算指重复相乘，所以，“2 的 3 次方”指 3 个 2 相乘，即 $2\times2\times2=8$，也可写作 $2^3=8$。相应地，我们说“以 2 为底，8 的对数是 3”，记作 $\log_2 8=3$。可以以任何数为底数来取对数，例如：以 10 为底，1000 的对数是 3（因为

$10 \times 10 \times 10 = 10^3$）。对于纳皮尔的乘法，整个计算过程需要确定一个底数。所以，计算8乘以64的积，先以2为底取对数，分别得到3和6，对这两个对数求和：3+6 = 9。最后一步是反对数的计算过程，即计算 $2^9 = 512$（可以核查 $8 \times 64 = 512$）。

布里格斯的对数表

在约翰·纳皮尔发明对数后不久，亨利·布里格斯开始把它转变成一个有用的工具。因为我们应用十进制数制来表示数，布里格斯选择以10为底计算对数是比较方便的，并开始着手制作一个“对数表”——从1到1000的所有整数的对数。在几年里，布里格斯和其他数学家将这个表推广到一个更大的数集上。

这本特殊的数学用表，多达17大本双开卷，包括最大到200 000的正整数的对数，精确到小数位第19位。

当然，对于大部分整数来说，它们的对数都不是一个整数，所以研究者不得不给出他们求得的对数的精确程度。在18世纪后期，加斯帕德·戴普罗尼监督制作了一个特殊的数学用表，这个数学用表多达17大本双开卷，包括最大到200 000的正整数的对数，精确到小数位第19位（对于较大的数，精确到第24位）。

自然对数

自从纳皮尔发现对数以来，对数学家来说对数非常有用。就像杰出的科学家皮埃尔·西蒙·拉普拉斯所说的：“通过节省劳动，对数的发现使天文学家的寿命翻倍。”但是，对数的数学意义比它作为计算工具的功能更为重要和深远得多。在1650年，皮耶特罗·门戈利首次意识到这一点。他有关级数（见第89页，第23篇）的研究与他在对数方面的兴趣出乎意料地结合在一起。

调和级数的表达式是 $1+\frac{1}{2}+\frac{1}{3}+\frac{1}{4}+\frac{1}{5}+\cdots$。门戈利有些吃惊地注意到这个表达式不趋近任何一个有限数，而是没有上限地不断增大。可是，对它稍作修改，得到另一个表达式 $1-\frac{1}{2}+\frac{1}{3}-\frac{1}{4}+\frac{1}{5}-\cdots$ 收敛于一个固定的有限数。

这个交错级数有一个确定的极限约等于0.693147。门戈利证明了，这个极限数就2的自然对数（通常记作ln2，虽然读成log2）。自然对数像其他的任何对数，只是对底数有一个特殊选择，以欧拉数 e（见第 147 页，第 37 篇）为底数，e 约等于 2.71828。确实，正是通过自然对数和门戈利的结论，数学中最重要的对象之一——指数函数，开始崭露头角。

的确，对更准确的对数表的寻找有力地推动了抽象级数理论的发展。在 1668 年，尼古拉斯·墨卡托出版了标题为《对数技术》（*Logarithmo-techinca*）的著作，在此著作中，他发现了自然对数的级数公式：

$$\ln(1+x)=x-\frac{x^2}{2}+\frac{x^3}{3}-\frac{x^4}{4}+\cdots$$

这个美丽的定理正是门戈利结果的推广，其结果对应于 x=1 的特殊情形。

积分和对数

墨卡托的定理暗示了自然对数的“自然”。但是一个更全的故事需要等到牛顿和莱布尼兹的积分理论（见第 125 页，第 32 篇）来诉说。

Gr. 0

+ | −

0 min	Sinus	Logarithmi	Differentiæ	Logarithmi	Sinus	
30	87265	47413852	47413471	381	9999619	30
31	90174	47085961	47085554	407	9999593	29
32	93083	46768483	46768049	434	9999566	28
33	95992	46460773	46460312	461	9999539	27
34	98901	46162254	46161765	489	9999511	26
35	101809	45872392	45871874	518	9999482	25
36	104718	45590688	45590140	548	9999452	24
37	107627	45316714	45316135	579	9999421	23
38	110536	45050041	45049430	611	9999389	22
39	113445	44790296	44789652	644	9999357	21
40	116353	44537132	44536455	677	9999323	20
41	119262	44290216	44289505	711	9999289	19
42	122171	44049255	44048509	746	9999254	18
43	125079	43813959	43813177	782	9999218	17
44	127988	43584078	43583259	819	9999181	16
45	130896	43359360	43358503	857	9999143	15
46	133805	43139582	43138686	896	9999105	14
47	136714	42924534	42923599	935	9999065	13
48	139622	42714014	42713039	975	9999025	12
49	142531	42507833	42506817	1016	9998984	11
50	145439	42305826	42304768	1058	9998942	10
51	148348	42107812	42106711	1101	9998900	9
52	151257	41913644	41912499	1145	9998856	8
53	154165	41723175	41721986	1189	9998811	7
54	157074	41536271	41535037	1234	9998766	6
55	159982	41352795	41351515	1280	9998720	5
56	162891	41172626	41171299	1327	9998672	4
57	165799	41006643	41005268	1375	9998625	3
58	168708	40821746	40820322	1424	9998577	2
59	171616	40650816	40649343	1473	9998527	1
60	174524	40482764	40481241	1523	9998477	0 min

Gr. 89

89

a

如上图：取自约翰·纳皮尔 1614 年的专著《奇妙的对数表的描述》（*Mirifici logarithmorum canonis descriptio*）里用的一张最早的对数表。约翰·纳皮尔研究的是后来称为“自然对数”的对数，而亨利·布里格斯研究以 10 为底的对数——后来称为“常用对数”。

方程 $y=\frac{1}{x}$ 描述了一个称为“倒数”的重要概念。正是这个方程把 2 和 $\frac{1}{2}$，4 和 $\frac{1}{4}$，一百万和一百万分之一等联系起来。从几何图形上看，它是一条称为“双曲线”的曲线。出乎意料的是，自然对数作为这条曲线下方的面积出现了。这也是对数函数是指数函数（见第 147 页，第 37 篇）的逆函数的这一事实的一个结论。由此可得自然对数（y=ln$x$）的导数只能是倒数函数（ $y=\frac{1}{x}$ ）。虽然现在对数表已被计算机所取代，这一深刻的事实确保了对数仍在数学中扮演着一个重要角色。

27 多面体

突破：每一代数学家都会努力扩充已知几何图形的集合，一个主要的进展是由约翰尼斯·开普勒发现的新的正多面体。

奠基者：阿基米德（大约公元前 287 年—公元前 212 年）、约翰尼斯·开普勒（1571 年—1630 年）、路易·潘索（1777 年—1859 年）。

影响：目前发现的多面体的家族为 3 维空间的几何提供了极大的兴趣。

几何学家的美学思想是对称，纵览这一学科的整个历史，几何学家努力去发现和归类他们找到的最对称的图形，这个问题的中心是多面体——由平面和直线棱构成的三维几何体。多面体的故事开始于《泰阿泰德篇》对柏拉图体（见第 29 页，第 8 篇）的分析。但是接下来的几个世纪中，发现了更多多面体家族。

我们周围到处都是对称图形。最熟悉的对称图形应该是正方形。这个图形符合几何学家的美学概念，因为正方形的边都相等，角也相等。一个三角形可以满足这样的标准，但不是每一个三角形都满足——只有三角形家族中最对称的成员等边三角形能够满足。除了正方形，具有五条边的正五边形和具有六条边的正六边形等也都是完美的对称图形。随着边数的增加，正多边形越来越接近那个完美几何图形——圆。

自从古代，多边形就广为人知，并且是很多数学上深层次研究的起点。特别是一个被反复追问的问题：通过把这些平面数学家粘在一起会是一个怎样的三维立体图形呢？这个问题吸引了数学家达千年之久，有的数学家甚至到了痴迷的程度。

左图：意大利威尼斯圣马可大教堂的天花板是由星状多面体装饰的。马赛克可追溯到大约 1430 年，早于 17 世纪约翰内斯·开普勒第一次分析星形正多面体的时间。

阿基米德的立体图形

第一个突破归功于泰阿泰德，他的 5 个柏拉图体是正多边形对应的三维几何图形。它们是完全对称的，所有的面都是全等的正多边形。

一百年后，阿基米德把这一研究又向前推进了一点，通过弱化对称所需要的条件，阿基米德发现了一些漂亮的多面体。类似的图形没有人见过。严格地说，他去掉了所有面都必须全等的要求，但每个面仍需要是正多边形。他的图形仍具有很强的对称性：每个角、每个面的布局是完全相同的。有了这些考虑，阿基米德得到了一个拥有 13 个优美成员的家族，每个几何体都比柏拉图体更复杂、更难理解。阿基米德图形中最有名的是截角二十面体，以“足球”广为人知，由 12 个正五边形和 20 个正六边形组成。除了阿基米德的 13 种不同图形外，有两个拥有无穷多个成员满足这一标准的图形家族，以棱柱和反棱柱而广为人知。

阿基米德得到了一个拥有 13 种优美成员的几何体家族。每种几何体都比柏拉图体更复杂、更难理解。阿基米德图形中最有名的是截角二十面体，以“足球”广为人知。

星形正多面体

不幸的是，阿基米德关于多面体的著作丢失了。在文艺复兴时期，欧洲科学家和艺术家包括列奥纳多·达·芬奇和约翰尼斯·开普勒着手重新研究那 13 种漂亮的阿基米德立体图形。可是，这一研究也发现了一件令人吃惊的事情，一些新的高度对称的图形似乎也满足柏拉图体的性质，可是在《泰阿泰德篇》的古老清单中却没有这些图形。

1619 年，约翰尼斯·开普勒发现了两种图形——小星形十二面体和大星形十二面体。它们的面都是全等形，都是由等长直线段构成的，角也都是相等的。不像正十二面体的每个面是正五边形，开普勒的这两个几何体的每个面都是五角星形。所以几何体的棱在某点处两两相交，这使得图形看起来像一颗星星。

事实上，开普勒被艺术家重击一拳，因为在威尼斯圣马克大教堂的马赛克天花板的装饰中，可以看出保罗·乌切洛对小星形十二面体的描绘。约 200 年后，路易斯·潘索又发现了两个美丽的星形状多面体——大十二面体和大二十面体。这四个星形多面体一起给由泰阿泰德 开始的正多面体的清单画上了句号。

约翰逊几何体

上图：位于挪威奥斯陆加勒穆恩机场附近的开普勒之星完工于1999年，它由一个正二十面体和一个正十二面体（两类柏拉图体）嵌套在一个大星形十二面体（一类星形正多面体）中。

多面体的研究持续了整个20世纪，因为几何学家致力于研究弱对称图形。一个关于古埃及人众所周知的例子是金字塔。它有一个面是正方形，通常是底面，4个三角形面（当然是等边三角形），这不是阿基米德几何体。最高处的顶点和其他几个顶点的构造是不同的，金字塔表明通过弱化对称性的要求，一系列新的相关图形就可能被找到。在20世纪，几何学家为自己设定了一个挑战，找到能由正多边形构成的三维几何体的所有分类，1966年，诺曼·约翰逊解决的正是这个问题，发布了一系列92种约翰逊几何体。

这些几何体的定义特征不是对称性而是凸性，大概意思是图形没有洞，也没有从图形的主干伸出的部分（开普勒星形多面体不满足凸性）。诺曼·约翰逊认为他的凸多面体的分类是完整的，但他却不能确切地证明这个结论。在1969年，Victor zalgaller成功地完成此工作，证明了诺曼·约翰逊的分类是完整的。除了柏拉图体和阿基米德描述的几何体，没有其他凸几何体是由正多边形构成的。

第一个约翰逊几何体是熟悉的金字塔，第二种是它的近亲，以正五边形为底的金字塔。除此，没有以正六边形为底的金字塔。因为6个正三角形不幸以恰当的方式连接在一起。尽管这回避了某些对称性（每个面都是对称的），但许多约翰逊几何体中都蕴含着不可否认的美观。

28

平面图形的镶嵌

突破：当在平面上铺满瓷砖来创造一个不断重复的图案时，平面镶嵌（或译为“平面填充”、“平面密铺”）就发生了。这些图形不但有令人愉快的美感，而且带来了几个有趣的几何问题。

奠基者: 亚历山大的帕普斯(约公元290 年—公元350 年)、约翰尼斯·开普勒（1571 年—1603 年）。

影响：虽然最近平面镶嵌在物理和化学都有出乎意料的应用，可是平面镶嵌并没有得到彻底的理解。

什么样的图形可以嵌在一起生成一个重复的图案呢？这个简单的问题从远古时代就已经吸引了马赛克专家和艺术家。这个问题在数学中也有很长的历史。虽然平面镶嵌理论起初看起来似乎很简单，但是当相同的问题放在比较复杂的背景下时，它就成了比较深奥和困难的数学问题。

一个正多边形是一个完全对称的等边图形，这意味着它所有的边都是等长的，所有的角都是相同的，也许最有名的例子是正方形。但是每个设计师和 DIY（自己动手做）发烧友知道正方形的一个其他的性质，即它可以平面镶嵌。

正则镶嵌

正方形瓷砖可以彼此完美地连接，可以按要求覆盖任意想要覆盖的平面，且正方形之间彼此没有重叠，也没有缝隙留下。这个事实已经被认知了成千上万年，但不是每一种图形都有这个性质。例如正五边形，五条边都相等，却不能密铺平面。一个正五边形的内角是 108° ，所以没有方法在一点排几个正五边形，使得以这一点为顶点的内角之和是 360° ，就像 4 个 90° 那样。

只有 3 种正多边形可以平面镶嵌：正方形、等边三角形和正六边形，这一事实从几何学家亚历山大的帕普斯的工作以来被人们认知了很多年。这三个正多边形是顶角可以

左图：伊朗设拉子利基的拱形屋顶装饰的多彩不规则拼图。图形的选取使得彼此之间没有间隙并且没有交叉，这是镶嵌的基本要求。

完美地结合在一起的仅有的正多边形。而正五边形、正七边形、正八边形或更多边的正多边形都不能镶嵌平面。可以平面镶嵌的3种正多边形称为“正则镶嵌图形”。

非正则的镶嵌

正五边形不能镶嵌平面，因为它们的顶点不能以一种合适的方式结合在一起。但是一些斜五边形的图形却可以将顶点完美地结合在一起。这些五边形的边长是直的但是不等长，角也不全相等。虽然镶嵌五边形似乎很简单，但是至今仍是相当神秘的。目前已经知道有14种不同的方法使五边形连接起来铺设地板，可是没人能证明不会再有其他的方法。

上图： 正方形镶嵌。正方形是可以正则镶嵌图形中三种之一，另两种是正三角形和正六边形。在覆盖模式中涉及八角星将更为复杂，不规则的镶嵌的无限集合中的一个。

另外每种三角形都可以进行平面镶嵌，不管等边与否，每种四边形也是一样的。因此平行四边形、梯形和风筝形都是平面镶嵌图形的例子。对于更多边的图形，如斜七边形，这个问题将变得比较复杂。没有凸的图形，指不含超过180° 角的图形，可以镶嵌。但是有一些已知的有趣的非凸瓷砖。如Voderbeg密铺由非凸非正则九边形构成的！

开普勒非正则平面镶嵌

在1619年，天文学家和数学家约翰尼斯·开普勒研究了包含不止一种图形的瓷砖平面密铺。这些图形已被艺术家们探索了几个世纪。但是开普勒将他的眼光投向了一些更彻底的东西——数学分类。当然，可能的平面镶嵌的数量是让人眼花缭乱的，所以开普勒关注这些具有比较好的整体对称性的镶嵌上。他坚持每一种瓷砖应该是一个正则多边形，并且瓷砖连接处的每个顶点与其他的都相同。一个常见的例子是由正八边形和正方形构成的图案，开普勒可以列出全部8种不同的组合，今天称为“非正则平面镶嵌”。注意到非正则平面镶嵌与阿基米德几何体的关系（见第106页，第27篇），所以人们有时也称它们为“阿基米德平面镶嵌”。

双曲镶嵌

在 21 世纪，镶嵌继续吸引着当今的几何学家。目前，我们有几种新的数学平面空间，不是在我们熟悉的欧几里得平面上进行镶嵌，而是在这些新的平面空间上进行镶嵌。在 19 世纪发现的双曲平面上有这样的问题，哪些正则图形可以在这个平面上进行镶嵌？答案完全不同于欧几里得世界的正三角形、正方形和正六边形这仅有的三种正则镶嵌。事实上，在双曲几何中，有无穷多种正则镶嵌。因为每个正则多边形都可以用来密铺双曲平面。如果一个等边三角形用来密铺常见的欧几里得平面，必须要求 6 个三角形交于一点。但是，在双曲面上，有多种可能：三角形可以是 7 个、8 个或更多个。

虽然镶嵌五边形似乎很简单，但是至今仍是相当神秘的。目前已经知道有 14 种不同的方法使五边形连接起来铺设地板，可是没人能证明不会再有其他的方法。

这似乎是令人吃惊的，但是在球面上，同样的结论也是成立的。我们可以把柏拉图体看作球的正则镶嵌，在这种情况下，等边三角形可以每 3 个相交（得到 1 个正四面体）、每 4 个相交（1 个正八面体）或 5 个相交（正二十面体）。

蜂窝

在多维空间中也可以讨论镶嵌问题。一个正方体就是一个镶嵌图形，因为正方体可以用来填充三维空间，即没有重叠也没有缝隙。事实上，正方体也是唯一具有这一性质的柏拉图体（见第 29 页，第 8 篇）。虽然亚里士多德误认为正四面体也可以用来镶嵌，但是还有什么其他的三维图形可以独自填充空间呢？在阿基米德几何体中，截断的八面体是唯一可以填满空间的，它的 6 个正六边形和 6 个正方形可以完美地与彼此啮合。也有其他的可以填充空间的多面体，三棱锥和六棱锥也是不错的选择，菱形十二面体（由 12 个菱形构成的漂亮图形）同样可以。

当允许使用多种图形时，回答这一问题将变得比较困难，并且这一话题并没得到充分的理解。最近一个典型的例子是“Weaire-Phelan 泡沫”，它是针对凯尔文猜想（见下册第 53 页）的一个著名反例。

29 开普勒定律

突破：开普勒用美丽的几何图形勾勒出行星的运动轨迹，有力地推动了牛顿万有引力理论的出现。

奠基者：约翰内斯·开普勒（1571年—1630年）、艾萨克·牛顿（1642年—1727年）。

影响：开普勒和牛顿的发现不仅标志着我们对宇宙有了新的认识，而且也是需要更深、更复杂的数学理论的近代物理的开端。

在人们研究数学的同时，数学也为我们理解宇宙提供了智力工具。一个特别的挑战是如何理解我们的太阳系，太阳系由单一的力——万有引力维持运转。一个重大的突破是由约翰内斯·开普勒给出的漂亮的万有引力几何解释，即解释万有引力而绘制的行星运动轨迹图。

数千年来，人们通过观察夜空，记录地球、月亮、太阳和其他天体的运动，试图理解我们所处的宇宙。尼古拉·哥白尼日心说理论的提出就是一个很大的进步——地球围绕太阳转而不是太阳围绕地球转。于此同时，由16世纪最伟大的天文学家第谷·布拉赫所收集的数据似乎仍旧包含着异样（即所收集的数据与哥白尼的太阳中心论不完全吻合，因为该学说认为地球在以太阳为中心的圆轨道上运行）。

开普勒定律

开普勒的解释是数学物理中相当漂亮的一页。先前的天文学家都认为行星的运动轨道是圆。开普勒通过研究分析发现这一观点并不正确。事实上，利用第谷·布拉赫的观测数据，开普勒得到了一个令人信服的结果——火星沿着一条称为“椭圆”的曲线围绕太阳运行。椭圆是几何学家熟知的圆锥曲线之一。阿波罗·尼奥斯很早就研究过圆锥曲线（见第49页，第13篇）。此外，太阳不在椭圆的中心，而是在椭圆的一个焦点上。

左图：土星和卫星土卫四。土卫四的椭圆轨道非常接近于圆，其离心率是0.002（离心率为0就是圆）。对应的是冥王星围绕太阳的离心率是0.248，地球的是0.017。

开普勒把他的观察总结为：行星必须沿着椭圆轨道围绕太阳运转，而太阳在这个椭圆的焦点上。这是他关于行星运动定律的第一条，他的这一学说引起了重大反响，发表在1621年《哥白尼天文学概要》上，此著作也包含其他两条从椭圆运动轨道中提炼出来的定律。

开普勒行星运动规律是科学观察与几何原理结合的一个巨大成功。

在开普勒的第二条定律中，考虑的是行星运动速度问题。他注意到，当火星靠近太阳时，其运行速度比较快——为什么呢？开普勒从一个完美的几何学观点解释了这个问题：想象行星与太阳之间有一个直杆相连接，在一个固定的时间段（如一个小时或一天），这个杆将会扫过一定区域的面积。开普勒第二定律说明这些区域的面积是相等的，无论行星处于轨道的哪个地方。根据这个定律就容易理解行星靠近太阳时运行的速度比远离太阳时要快。

开普勒第三定律也是非常奇妙的。他研究的是行星沿着椭圆轨道运行的周期和椭圆半长轴（即椭圆的最长的半径）之间的关系。开普勒断定行星运行周期的平方与椭圆半长轴的立方成正比。

万有引力定律

开普勒行星运动规律是科学观察与几何原理结合的一个巨大成功。即使在当今，它们仍是宇宙学的标准准则，虽然我们现在根据相对论知道它们不是十分准确的。但是，开普勒没能回答出为什么会有这些规律。

于是，这个问题就落在了艾萨克•牛顿的身上。我们知道月亮被地球通过引力所吸引，地球同时被太阳以这样的引力吸引，使其能在固定的轨道上运行。但是，这里存在着一个巨大的问题：任何情形下，力只有一个方向，为什么太阳吸引地球？为什么月亮不围绕着太阳运转？

牛顿运用他的万有引力定律解决了这一问题，他认为只要是一对有质量的物体就会相互吸引。因此，地球吸引着月亮，太阳吸引着地球。区别在于它们的相对质量，太阳是地球的 300 000 倍。所以，万有引力维持地球在它的轨道上运行而此力对太阳几乎没有影响。值得注意的是，这里最重要的一点——力的作用是相互的。在只有两个行星的星系中，很容易观测到这一观点——它们之间相互吸引。

牛顿的平方反比定律

什么决定着两个物体间相互作用的大小呢？一个明显的答案是两者的质量，引力在大质量物体间才会明显起作用，这就是为什么我们感觉不到人与人之间或者其他物体诸如书籍间的万有引力的存在。第二个问题较为困难：如果太阳的质量远远大于地球的质量，为什么我们没有离开地球而跌向太阳？答案是太阳相比于地球来说离我们太远。牛顿给出了详细原因，即引力随着距离增大而减弱。如果一个人离地心的距离是他原来离地心距离的 4 倍，引力会是原来的$\frac{1}{4}$吗？开普勒相信是这样的，但是这个结论与他的行星运动规律并不吻合。

牛顿对这一结论做了修正，事实上，引力以物体间距离的平方在减少。也即，若一个人远离地球的距离是原距离的 4 倍，则引力会是原有的$\frac{1}{16}$。平方反比定律是一个重大发现，而且牛顿运用平方反比定律从数学角度上可以严格推导出开普勒定律。

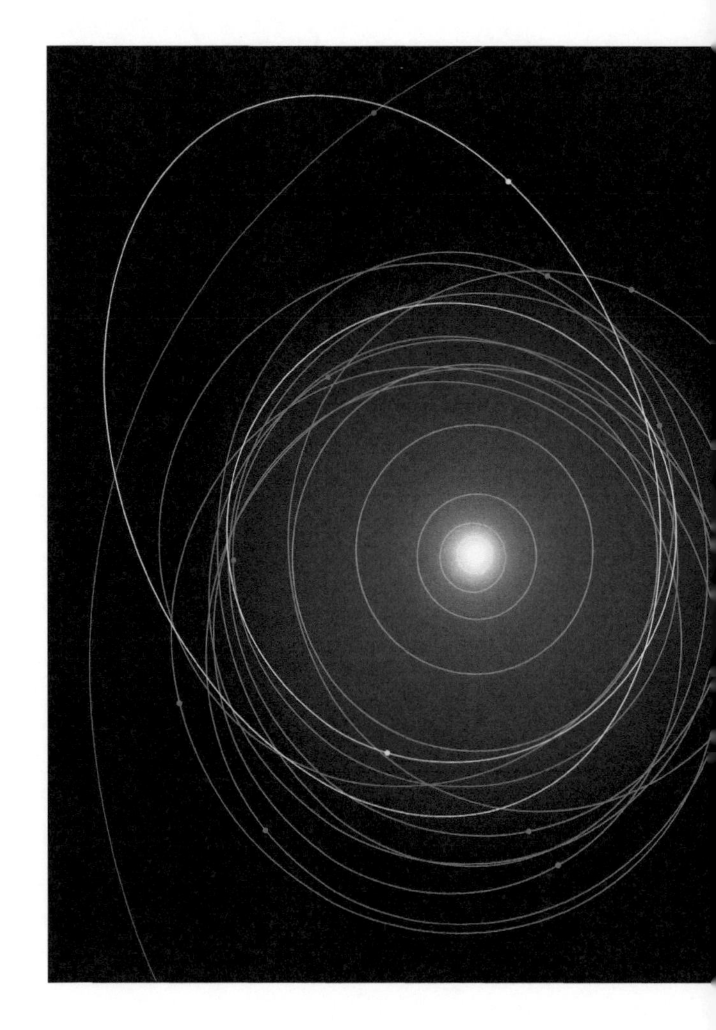

上图：太阳系中，绿色为 4 个外行星（木星、土星、天王星和海王星）的椭圆轨道，黄色为 3 个矮行星（谷神星、冥王星和阋神星）的椭圆轨道，棕色为 10 个候选矮行星的椭圆轨道。

30 射影几何

突破：笛沙格通过将艺术家的消失点（透视中心）引入几何，攻克了透视数学。

奠基者：菲利波·布鲁内列斯基（1377年—1446年）、吉拉德·笛沙格（1591年—1661年）。

影响：笛沙格的分析为视觉艺术提供了很有价值的技术，他也为新的数学学科——射影几何奠定了基础。

当你观看遥远的物体时，物体看起来比附近的相同物体要小。这一简单的现象困扰了艺术家们达数千年之久。但是，当数学家吉拉德·笛沙格研究此问题时，他所得的结论不管是对几何还是对视觉艺术都是一场革新。

对一个包括不同大小、不同远近的对象的场景，绘制一幅画。让这幅画看起来比较自然且贴近现实是需要绘画技术和经验的。物体的形状像是随距离改变，正是因为这种透视缩短的现象，使得画好这幅画更难。比如，一位艺术家要给躺在床上的人画一幅人体肖像。他的脚因为离观看者比较近，会显得比头还大。同时，腿的长度比从前面看起来要短。

透视问题

每个时代的艺术家都得面临这一挑战——在二维画板上展示三维世界。很多早期的艺术作品，例如那些古埃及的画作看起来很“失真”，正是这项工作困难的一个证明。有一个数学要素与这个艺术问题密切相关。透视的最初技巧是用“消失点”。文艺复兴时期的艺术家菲利波·布鲁内列斯基首次系统地应用了此方法。这一想法来源于对平行线的观察，如火车轨道会消失在无穷远处。对于肉眼来说，这两条平行线越来越接近，直到它们最终汇合于无穷远的一个点。当然，这只是一个视觉假象，火车轨道之间总是

左图：光线汇聚在那个消失点处。这种明显的汇聚是人类测量距离的方法之一，且对表示二维透视是必不可少的。

保持一个固定的距离且永不相交。但是，在艺术家的画作上，它们的确会呈现出相交，且交点称为“消失点”。

笛沙格的新几何

在 17 世纪早期，为了解决这个古老的难题，吉拉德·笛沙格很有创意地把消失点引入几何中来。数学家们很早就注意到在几何中点和直线间的优美对称。如果在一个平面上，任意标出两点，根据欧几里得的著名定律，则过这两点有且仅有一条直线。这一表述的对偶性来自于点和直线角色的交替性。也就是说，在平面上的任意两条直线，它们只有一个交点。这一对偶性说法是正确的。但是，不利的是，这并不总是普遍成立的，总有特殊的直线对——平行线，它们永不相交。

在艺术的世界里，平行线也相交——在一个消失点处。因此，笛沙格有了这样一个大胆的想法，并把这一想法并入数学，这里的消失点称为“无穷远点”。

可是，在艺术的世界里，平行线也相交——在一个消失点处。因此，迪沙格有了这样一个大胆的想法，并把这一想法并入数学，这里消失点称为“无穷远点”。他的射影几何的新学科在他的推广背景下产生了。就像欧几里得首先标准化平面上线和圆的研究，迪沙格开始在射影面上对图形进行研究。射影平面指欧几里得平面扩展到在无穷远处的补充点。对这增大的抽象性直接收获是，点和线之间的对偶性完美地展现了出来。在一个射影平面，每对直线交于一个点最终成立了，所以没有像平行线那样的事物。

很多现代几何在射影几何中出现，虽然在传统的欧几里得背景下更难描述，但是很多几何方法在那里进行得更顺利，如在射影情况下，圆锥曲线（见第 49 页）不再是 3 种不同的图形，而是呈现为同一曲线的不同透视。

笛沙格定理

消失点仍是当今艺术家们不可或缺的技术，但是他们并没有彻底解决表示深度的所有困难。假设一个艺术家正在画一个房间，在这个房间里，地毯装饰着三角形图案，他怎样才能准确地表示哪一样式呢？当然，画布也含有一个三角形，但是，因为透视缩短，这一三角形与从正上方看到地板上的三角形是不一样的。

上图：一个螺旋楼梯和透视学习，由汉斯·瑞德曼德·弗里斯（Hans Vredeman de Vries）所画。使用多个消失点为艺术家提供了新的准确的方法在纸面上表示三维空间。

画家需要考虑两种三角形——在地毯上的和在画布上的，目的是让这两个三角形形成透视关系，意思是，如果一个三角形的每个顶点与另一个三角形的相应定点由激光束连接，则得到三条激光束将汇聚于一点。但是，这怎能做到呢（特别是不用激光）？又一次，吉拉德·笛沙格给出了答案。笛沙格的定理主张，当另一个标准满足，这两个三角形在透视图中就是正确的。如果你延长一个三角形的一边和另一个三角形的相应边，这两边的延长线将交于一点。延长三对边这一过程产生了三个点。笛沙格的要求是这三个点应在同一条直线上，如果满足，则这两个三角形是透视的，如果不满足，则这两个三角形不是透视的。这不是显而易见的，笛沙格的准则等价于两个三角形是透视的。因为这个原因，他的理论对画家一直是非常有实用价值的，并且，得到一个判断两三角形是否具有透视关系的便捷方法。

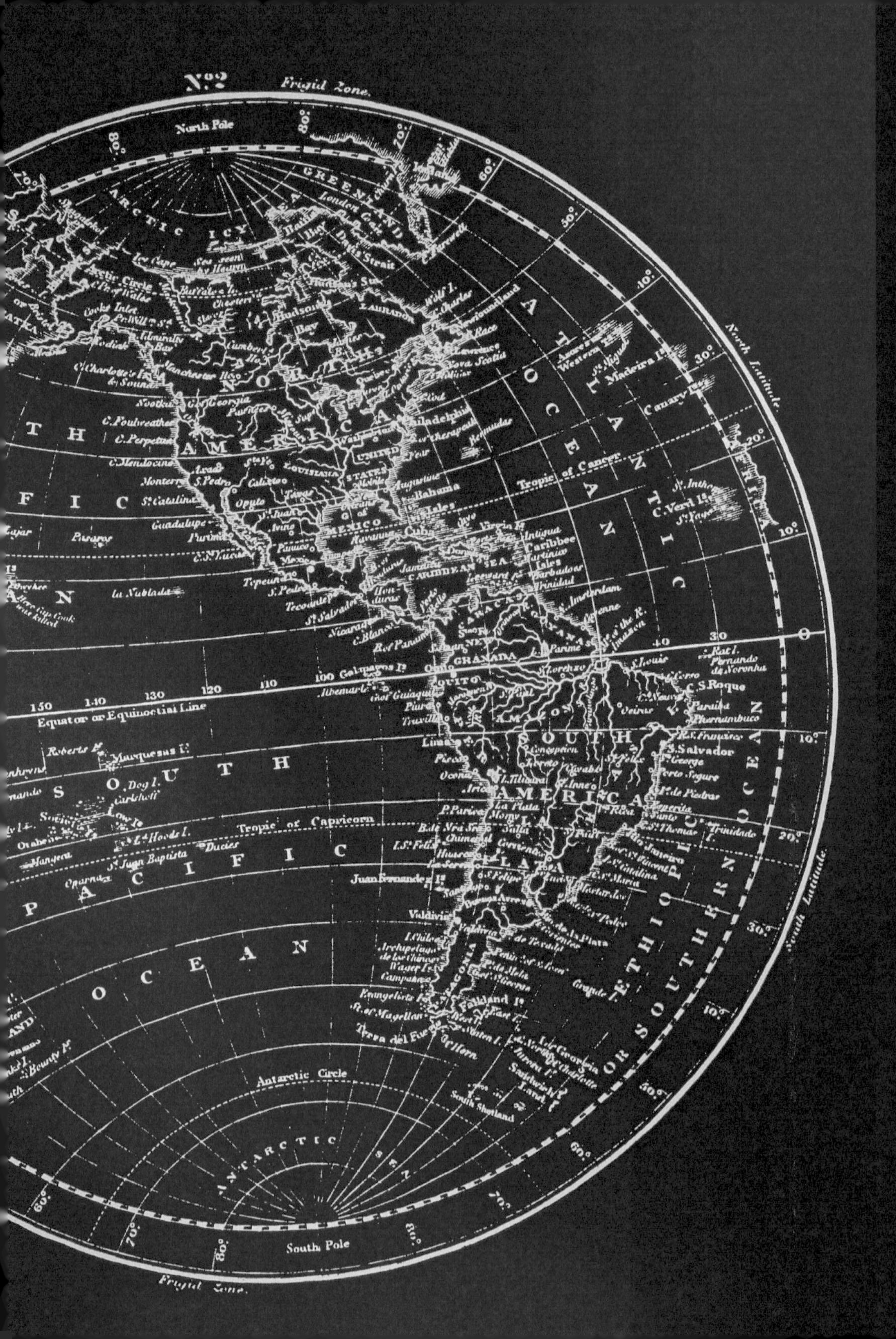

No.2
Frigid Zone.
North Pole
GREENLAND
Davis Strait
Hudson's Bay
Newfoundland
Nova Scotia
Philadelphia
Bermudas
Tropic of Cancer
Canary Isles
Madeira Is.
C. Verd Is.
NORTH AMERICA
ATLANTIC OCEAN
North Latitude
MEXICO
Cuba
CARIBBEAN SEA
Equator or Equinoctial Line
C. S. Roque
Pernambuco
S. Salvador
SOUTH AMERICA
Tropic of Capricorn
Juan Fernandez Is.
Valdivia
Falkland Is.
Terra del Fuego
C. Horn
South Shetland
ETHIOPIC OR SOUTHERN OCEAN
South Latitude
SOUTH PACIFIC OCEAN
Marquesas I.
Antarctic Circle
ANTARCTIC
South Pole
Frigid Zone.

31 坐标

突破：坐标是用来刻画点的位置的数。由笛卡尔发明的坐标是几何研究的一座里程碑。

奠基者：勒内·笛卡尔（1596 年—1650 年）。

影响：笛卡尔坐标每天都在使用，不仅由数学家应用，而且平面绘图者和地图制造者也在使用。在数学中，笛卡尔坐标帮助我们用数学和代数方法来理解和研究几何。

勒内·笛卡尔最初以一名哲学家而闻名。可是在他那个时代，哲学、数学和科学这三者的界线比今天要模糊得多，笛卡尔对数学的影响也同等重要。他最重要的创造是“笛卡尔坐标系”，该坐标系为现代几何研究开拓了道路。

自从人类第一次思考数学开始，这一学科就包含了两个主要分支：数字和图形。这两个分支关系密切。欧几里得对这一关系有一个清楚的理解，并成功地用数字来分析图形。几何问题激发了数论的重大发展，在阿基米德对圆的分析（见第 45 页），或无理数的出现（见第 21 页）等可窥见一二。可是，这两个学科仍是不同本质的。几何不是由数字构建，而是由基本的元素如点、线、面构成的。当几何发展到精化的高水平时，找到一种方法把几何对象完全并入数字系统是很有必要的。

左图：一张地图，以经度和纬度作为坐标。赤道的纬度是 0°，北极的纬度是北纬 90°，南极的纬度是南纬 90°。经度习惯以伦敦格林尼治天文台旧址的子午线作为起点。墨西哥城的坐标是北纬 19°，西经 99°。

勒内·笛卡尔

笛卡尔的怀疑论是笛卡尔的观点——他不相信他思想之外的世界。所有他可以告诉的是他的潜意识和敏锐的洞察力可能是在一个陌生的世界中进行科学实验的产物。可是，笛卡尔反驳说，只有一件事他可以确定，那就是他以某种形式存在着。可是他的思想正

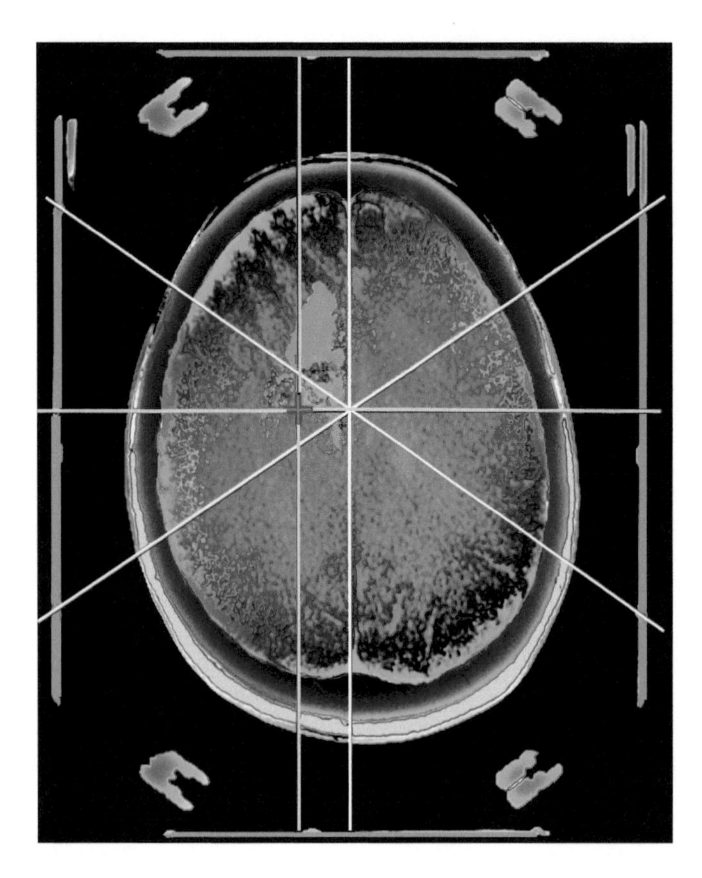

上图： 医学成像仅是当今众多坐标应用的一种。在这个彩色的、人的大脑的计算机断层摄影（CT）扫描图中，白线和紫线交点处确定了肿瘤活组织的坐标（绿色显示）。

在经历着什么呢？他表达这一见解用了这一精辟的短语“cogito ergo sum”或者“我思故我在”（事实上，他第一次写这个句子是用法语写的：“Je pense donc je suis”）。

这些思想充满了他1637年的著作《方法论》（首次以法语出版 Discours delaméthode）。一个标题为“La Géométrie”（几何）的附录，正是笛卡尔形成他数学传奇的地方。他注意到两个数是可以确定一张纸上任一位置。他可以先说这个点距离纸的左手边有多远，也许3英寸远。这可以确定该点位于某条确定的竖直线上，那么他只需说该点离纸的底端有多远。如果是离底端4英寸远，则数对（3，4）准确地确定了该点［为了区别（3，4）和（4，3），我们需要遵循习惯，从左—右总在从上—下之前］。

在一张纸上操作的同样可以在更抽象的平面中进行，就像从欧几里得开始的几何学家们研究的那样。毕竟，一个平面只是一张向四面八方无限延伸的理想化的纸。在这种情形下，笛卡尔人为地加上一些边，这些边称为轴。第一条轴是水平直线，作为底边。另一条是竖直直线，代表左手边界。则一个点可由到这两条轴的距离所确定。当然，也有点在竖直轴的左侧。笛卡尔用负数（见第73页）来唯一确定这些点。这个点就可写作（-2，5），而（5，-7）表示在水平轴下方的点。平面的中心是原点，两轴相交于此，交点的坐标是（0，0）。

坐标没有局限于二维空间，三维空间的位置可由3个空间坐标来确定。当并入一个时间的第四维坐标，可以将事件在时空中的位置确定下来。这些方法是从航空控制到医疗成像等技术的核心，同时几何学家们在更高维的空间中用坐标来导航。

制图法

笛卡尔坐标改革了数学，且在几何中仍保持着至关重要的作用。在成千上万年中，人们用地图来理解和描述他们的环境。确实，地图居于我们拥有的最古老的图片之列。在巴甫洛夫，现在的捷克共和国，在一块石头上的一尊雕刻，大约可追溯到 25 000 年前，似乎是对周边地区的描述。已经有人提议，所有史前艺术品中最著名的、在法国拉斯科的洞穴绘画，可能含有夜空的图片。图片在大约 17 000 年前绘成，这些洞穴包括将近 2 000 片肖像绘画，以及更抽象的设计，其中一些被认为是星座。

我们通常认为地图是平面的，当我们到处旅行时，这当然是最便捷的携带方式。可是，平面的地图有一个艰巨的挑战。

随着人们的出行更加频繁，地图制作变得越来越重要。但是如何准确地知道你在地图上的位置呢？为了解决这个问题，所有的现代地图都带有叠加的一个网络，网络的线都标有数字，应用这一创新来描述任一地区的位置很容易，只需两个数字——一个表示这一位置向东或向西有多远，另一个表示向南或向北有多远。

地图投影

我们通常认为地图是平面的，当我们到处旅行时，这当然是最便捷的携带方式。可是，平面的地图面临一个艰巨的挑战。因为地球毕竟不是平的，而是球形的，用平面地图来表示地球的地理，必然会有一些失真。这时笛卡尔坐标系能帮上忙吗？能只描出一个地方的经度和纬度就像笛卡尔坐标系那样，来制作一个平的、准确的地球的地图吗？

这种地图应具有这样的性质，地图上两点间的距离扩大一定倍数可得到地球表面上这两点间的距离。不幸的是，这样的地图在几何上是不存在的，最根本的障碍是卡尔·弗里德里希·高斯关于曲面分析的结果（见第 177 页），高斯证明了曲度是图形的本质属性，意思是说，得到一个准确的地球表面的图片只能在一个球上绘制。

32

微积分

突破：牛顿和莱布尼茨能够运用简单的代数定律来描述看似复杂的变化系统。

奠基者：艾萨克·牛顿（1643 年—1727 年），戈特弗里德·莱布尼茨（1815 年—1897 年）。

影响：毫无争议的是，微积分是数学史上最重要的发现，它是现代所有科学家和工程师的重要工具。

微积分的发明是数学史上的一个决定性时刻，它显著地增加了非数学家运用数学的概率。无数的科学分支都试图理解随时间和空间变化的系统。在 17 世纪，科学技术的组合使得首次可以运用数学分析去解决这些问题。

微积分的发明作为数学界最重要的时刻之一，同时它的发明也是这些时刻中最丑陋的事件。两位同时代的思想家都宣称自己发明了微积分，导致了国际层面的争执。

牛顿和莱布尼茨之争

在英国，艾萨克·牛顿是一位才华横溢的青年才俊，他在光学、万有引力和天文学的发现革新了那个时代的科学，也帮他赢得了名利。他的后半生继续占有着在大英公众有重要影响的位置，国会议员、黄金造币厂厂长、全国最负盛名的科研机构皇家学会主席和爵士身份。

左图：在整个现代工程中，计算一座大楼不同部分承受的压力或详细理解如何将弯曲的片段连接在一起，积分都是必备的。

生活在德国的莱布尼茨获得了同时代人的尊重，但他不像牛顿那样，他从来都不是一个公众人物。莱布尼茨是计算机的先驱，设计了能够进行加减乘除运算的第一台计算器。在数理逻辑这门学科获得承认之前，莱布尼茨为此花了很大的精力。同时他还致力于历史、法律和哲学的研究。他那令人吃惊的乐观主义被人们所铭记："我们的宇宙是所有可能中最好的一个。"他也是最了解二进制潜力的人。如今全世界的计算机语言都是采用二进制的。

变化速率

牛顿和莱布尼茨意识到问题的突破在于变化率。从地球围绕太阳的运行轨道到河中的水流，我们的世界一直在运动，充满了随着时间演变、旋转、增长的物体，无论是动物追踪猎物还是彗星在太空中飞驰，随着时间的流逝，许多方面都在变化，物体的位置、速度、加速度。那么它们的关系是什么呢？

从地球围绕太阳的运行轨道到河中水流，我们的世界一直在运动，充满了随着时间演变、旋转、增长的物体。

最简单的情形是容易理解的，如果一个自行车的速度是每小时 10 英里，那么 1 小时之后，他走过的路程是 10 英里，2 小时后是 20 英里，以此类推。但是大多数情况没有这么简单，具有加速或者减速的自行车确定其任意给定时刻的速度与位置之间的关系是非常困难的。

问题的本质是一个几何问题，它相当于这样：给定纸上一条曲线，我们能否计算出它在某一特定点的斜率吗？如果曲线代表自行车的位置，曲线的斜率代表位置的变化率，其实就是速度，从阿基米德的工作就已经知道这种基本的关系了。缺少的是从曲线的代数描述给出测量斜率的数学方法，这就是牛顿和莱布尼茨所解决的问题所在。

梯度与极限

容易近似地逼近图形的斜率，简单地用大致与曲线吻合的直线的斜率代替曲线在某一点的斜率。虽然这是一个比较笨拙的方法，但牛顿和莱布尼茨都觉察到这其中孕育了一个精确的方法。连接曲线上两点的直线是曲线的一种近似逼近。如果两个点距离很远，曲线与直线就会有显著的偏差，但是当两点越来越近时，逼近的结果就越来越精确。聪明的牛顿和莱布尼茨关心两点无限接近时的结果会怎样？

为此，他们有了一个奇怪的想法——无穷小量。这允许他们推导出直线完美逼近给定曲线上某一点的斜率公式。此外，这个分析中的运算规则是很容易掌握应用的。

只是通过掌握这些运算法则而不需要绘画曲线和无穷小量就可以计算出曲线在某一点的斜率。这些规律包括：如果车辆的位置是 x^2，则它的速度是 $2x$，如果位置是 x^3，则其速度为 $3x^2$，一般地，位置为 x^n，则其速度为 nx^{n-1}。

后来放弃无穷小量是因为它们不够严谨，直到 19 世纪，卡尔·魏尔斯特拉斯为微积分打下了坚实的基础。然而，由莱布尼茨和牛顿所发现的运算规则保留了下来，并且在许多领域都证明了它们的价值。

上图： 自行车赛手的位置、速度和加速度关系构成实际中积分的一个简单例子。我们需要更精良的技术来理解赛车手周围气体的流动以及设计一个空气动力学设备。

皇家判决书

牛顿和莱布尼茨的争论是非常激烈的，当两位学者的朋友互相指责的时候，英国皇家学会对此事进行了调查。调查结果完全站在了牛顿的一边，肯定了莱布尼茨的公然抄袭。或者，这个调查结果是必然的，因为报告的总结是皇家学会主席牛顿自己起草的。

33 微分几何

突破：积分法为几何提供了一个解决困难问题的工具。

奠基者：约翰·伯努利（1667 年—1748 年）、雅各布·伯努利（1654 年—1705 年）、克里斯蒂安·惠更斯（1629 年—1695 年）。

影响：微分几何的早期研究都涉及曲线。后来，高维空间上的工作使得微分几何对现代物理成为不可或缺的有力工具。

牛顿和莱布尼茨发现的积分为几何学家提供了令人兴奋的新工具。在几年内，几个曾经很难对付的问题都得到了解决，显示了这一新工具很强的实用性。这一新型数学就称为“微分几何”。

如果握着铁链的两端，不拉紧铁链而是让它在自身重力的作用下下垂，这样，一条曲线就形成了。这条曲线应该是可以用数学表示的，但是，它是什么呢？伽利略在 1638 年的最后一本著作《关于两门新科学的谈话和数学研究》中研究了这个问题。伽利略评论说：“抛物线是一个合理的接近的匹配”。几何学家已经研究抛物线达数年之久（见第 49 页），所以这可能是自然的首先猜测。但是这条链曲线不是抛物线，就像在 1669 年齐姆·荣格厄斯进一步所证明。所以，这条链曲线到底是什么？

悬链线

雅各布·伯努利是研究悬链线性质的一个数学家，由于他自己没有任何进展，他便在 1690 年将此问题公开在数学杂志《教师学报》上。

左图：在美国密苏里州，圣路易斯的大拱门呈现的形状是一个倒置的悬链线，正是将两端挂起来的一条铁链在自身的重力作用下形成图形。.

接受这一挑战的人是雅各布的弟弟约翰·伯努利，他很高兴能成功解决他哥哥不能解决的问题，不久写信给他的朋友：“我哥哥的努力没有成功，对于我来说，我更幸运，因为我找到了解决这一问题的技巧（我绝没有夸张，我为什么要隐藏这一事实？）……第二天早上，喜滋滋地跑向我的哥哥，他还在苦苦的思索……像伽利略那样，认为悬链线是一条抛物线。‘停下，停下！’我对他说，‘不要再折磨你自己了，不要试图证明悬链线与抛物线是相同的，因为这完全是错误的’。”

惠更斯的曲线与众不同的是，如果在该曲线上任意一点放一个物体，并沿该曲线滑下，总是需要相同的时间到达底端，不管这条曲线的起点有多高。

约翰·伯努利应用了新发展的微积分学来得到他的答案（见第 173 页）。抛物线由非常简单的方程，如 $y=x^2$ 来描述，而悬链线与复杂得多的指数函数相关，可以表示成 $y=\frac{1}{2}(e^{x}+e^{-x})$。

伯努利王朝

约翰的儿子，丹尼尔·伯努利是早期流体力学中有影响的人物（见第 173 页，第 44 篇）。当约翰可耻地将他儿子在流体力学领域的发现宣称为自己的功劳时，这两父子就彻底闹翻了。虽然伯努利家族 8 位数学家的兴趣迥异，但是在概率论和数论方面也取得了重大进展。然而他们最大的影响还是在于对微积分的早期应用。特别是发现了微积分在几何和物理上不可思议的应用潜力。

等时曲线问题

约翰·伯努利不是唯一一个解决雅格布的悬链线问题的人。戈特弗里德·莱布尼茨也得到了相同的结论；另一个欧洲有关曲线的专家是荷兰数学家克里斯蒂安·惠更斯，他也解决了这个问题。

在 1659 年，惠更斯发现了另一条特殊的曲线，像抛物线和悬链线一样，刚开始很陡，然后逐渐平坦到底部一点。更重要的是，惠更斯的曲线不同的是，如果在该曲线上放一个物体，并沿该曲线滑下，总是需要相同的时间到达底端，不管这条曲线的起点有多高，这条曲线称为“等时降线”（“等时”指“相同时间”）。但是这条曲线是什么样呢？

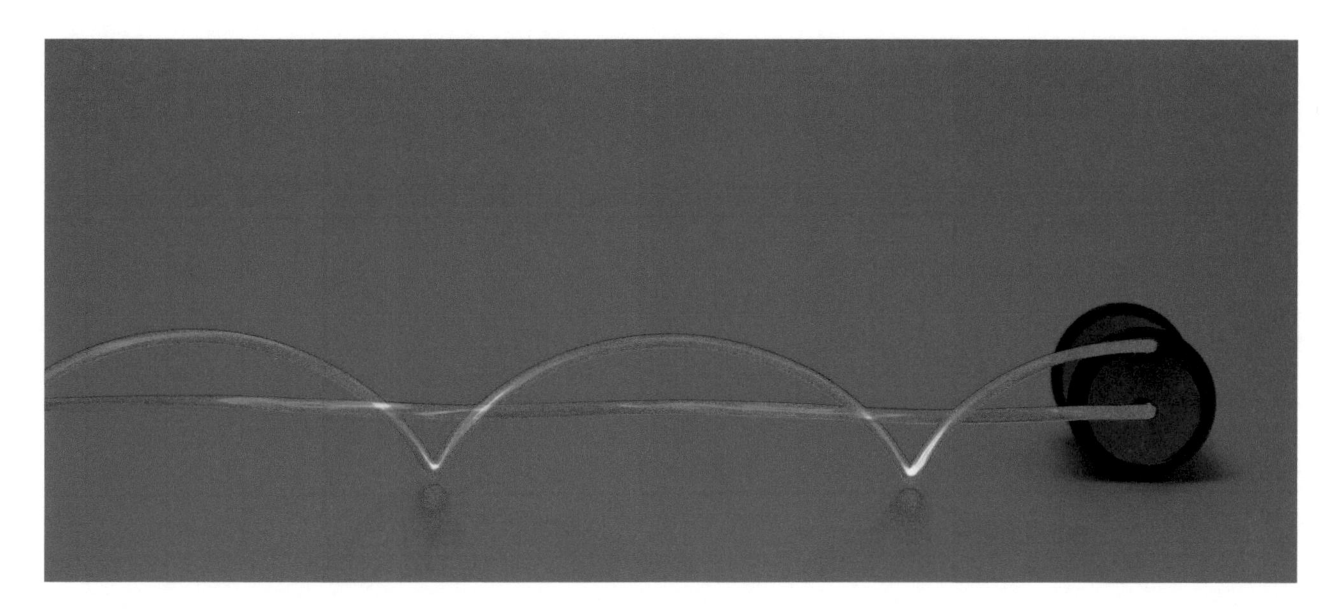

上图：一条摆线可通过慢慢曝光一个沿直线滚动的圆柱的照片来生成。在圆柱边缘的红色 LED(固定点) 生成了一条摆线。上下翻转这条曲线，就得到了等时曲线问题和最速降线问题的答案。

在积分最早的应用中，惠更斯提供了答案：这是一条称为“摆线”的曲线，这个图像一个非常优雅的描述是：取一个圆，在圆周上标记一点，像车轮一样沿一条水平线滚动，则由这个固定点所勾画出的路径就是一条摆线。在数学之外，惠更斯以他发明摆钟而著名，钟摆革新了时间测量。事实上，他后来继续他的兴趣，设计一个时钟，它的钟摆沿一条摆线摆动，而不是沿一段圆弧，可是这个创新却不怎么成功。

最速降线问题

在 1696 年，轮到约翰 • 伯努利向《 教师学报 》的读者们提出一个问题。这个问题是：假设一个物体沿斜坡滑下，从墙上的某一点出发到地板上的另一个确定的点结束，什么形状的斜坡可以使得物体下降最快？这个问题称为“最速降线问题”，即时间最短。答案显然是直线，但是伽利略已经确定了，用圆的一部分实际上会更快，这是正确的答案吗？许多人应用微分几何的新方法推导出了这个最速降线。问题的答案，包括约翰本人、他的哥哥雅各布，还有弗里德 • 莱布尼茨、艾萨克 • 牛顿，他们证得的结论与惠更斯的等时间问题答案相同，都是摆线。

34 极坐标

突破：极坐标是描述平面上点的位置的一种方法，用一个距离和角度描述。

奠基者：阿基米德（约公元前287年—公元前212年）、雅各布·伯努利（1654年—1705年）。

影响：对于很多图形，如著名的阿基米德螺线和伯努利螺线（对数螺线），用极坐标表示比用笛卡尔坐标表示方便得多。

几何学的历史已经屡次证明了，用比较抽象的代数方法来分析几何图形的好处。但是将几何对象转化为代数对象的方法却是各种各样。最常见的系统是笛卡尔坐标系（见第121页，第31篇）。但是由雅各布·伯努利设计的极坐标系也同样重要。

在阿基米德的《论螺旋线》一书中，阿基米德描述了他的一个最有名的几何发现。事实上，阿基米德把我们称为“阿基米德螺线”的发现归功于他的朋友——天文学家萨姆·科侬，他被认为是第一个考虑这个螺线的人。

阿基米德螺线是极优美的图形，以一张纸的中心为起点，然后逐渐螺旋向外扩展开来的曲线，阿基米德螺线的本质特征是：曲线转过相同的角度，就向外走相同的长度。

一条阿基米德螺线是一个非常自然的对象。如果取一条绳，将这条绳盘成盘，得到的就是一条阿基米德螺线。事实上，我们的太阳系含有一个巨大的螺线，称为“太阳的磁场”，从中心螺旋向外扩展。

左图：涡状星系，距离地球约两千三百万光年远，是一个螺旋星系。它的群星沿对数螺线向外展开，对数螺线正是使雅各布·伯努利着迷的螺线。

阿基米德对螺线的主要兴趣在于螺线是构造其他图形的工具。与他同时代的几何学家一样，阿基米德对尺规作图问题，如化圆为方、三等分角（见第 186 页）有着浓厚的兴趣。现在我们知道只用直尺和圆规这些问题不能解决，可是阿基米德证明了利用阿基米德螺线图中的一个特殊工具，这些问题就可以迎刃而解。

对数螺线

很多世纪以后，文艺复兴的思想家雅各布·伯努利也被那优美的几何螺线所吸引。但是伯努利称为“spira mirabilis”（完美螺线）的螺线不是一条阿基米德螺线，而是我们现在称为“对数螺线”的曲线。阿基米德的螺旋总是等距螺旋向外的，而对数螺线却变得越来越稀疏。当螺旋向外时，从任一点开始，沿对数螺线走向中心，螺线穿过水平轴无限多次，交点离中心可以任意接近。

从发现对数螺线开始，对数螺线就变得很有名，因为它出现在自然中的各种各样的剧本中，从暴风雨的形成。螺旋银河系、鹦鹉螺的贝壳，到一些动物的飞行路径等。

对数螺线有非常漂亮的特性，特别让伯努利着迷的性质是它的自相似性，这是分形图像所具有的一个性质（见下册第 45 页，第 62 篇）。如果你扩大整个图形到一定倍数，得到的螺线与之前的螺线没有区别，因为当每圈展开时，它将展开下一圈。

从发现对数螺线开始，对数螺线就变得很有名，因为它出现在自然中的各种各样的剧本中，从暴风雨的形成、螺旋银河系、鹦鹉螺的贝壳，到一些动物的飞行路径等。对数螺线普遍存在的原因在于它们满足另一个美丽的准则。圆是具有独特性质的曲线，若用直线连接圆周上任一点和圆心，所得到的直线相对于圆曲线所成的角正好是 90°。

对数螺线具有相同的性质，但是定义的角度却是不同的，最简单的情形是 45° 可以构成任一角度的对数螺线。因为这一原因，对称螺角也称为“等角螺线”。

极坐标

自从笛卡尔引入了笛卡尔坐标，笛卡尔坐标就是用代数语言描述几何对象的标准方法。可是，像阿基米德螺线和对数螺线这样的对象却不易用这种代数语言表示出来，伯努利注意到一个更自然、更直观的描述是用极坐标表示。确实，在阿基米德定义他的螺线时，所用的就是这种方式。但是直到 17 世纪，极坐标才成为一个标准化的几何工具。

像笛卡尔坐标系一样，极坐标也是用两个数把平面上的每一点唯一地确定下来。笛卡尔坐标系通过地图上的方格来定义一个点，而极坐标是通过这样的指示，如“向西走了 2 海里”来定义点的位置。笛卡尔坐标系测量一个点沿水平轴和竖直轴的位置，但是极坐标测量这点到中心的直线距离，通常记作 r，如果 r=2，这一信息将点确定在以原点为中心，半径为 2 的圆上。

为了准确地确定该点，第二个坐标是相对于水平线的倾斜角，通常记作 θ。所以，如果 θ=45° （也可写作 $\theta=\frac{\pi}{4}$，用弦度制表示，这是数学家们喜欢的度量角的制度），则这个点在圆上有唯一的位置——在 45° 张角的位置。

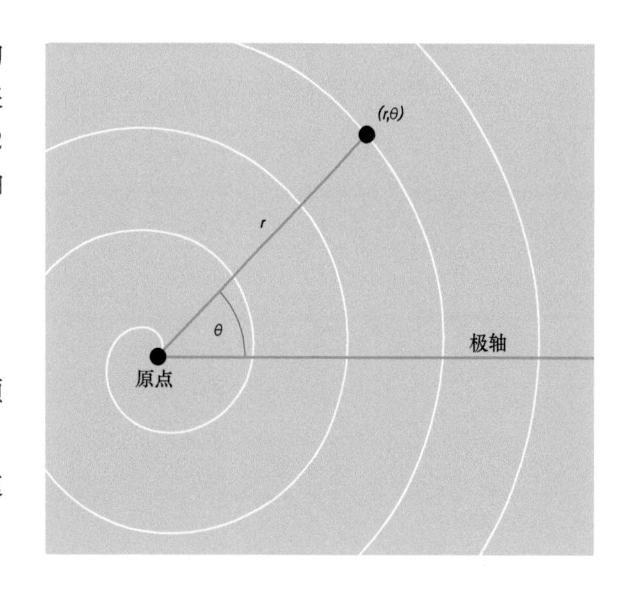

上图：极坐标由到原点的距离和一个角度 θ 来确定，与地理学家的方位类似。一些图形如阿基米德螺线，在极坐标下有简单的描述。

极坐标曲线

一些曲线在极坐标下的表达式比在笛卡尔坐标下的表达式简单得多。例如，阿基米德螺线可由漂亮简单的方程 $r = \theta$ 表示。随着螺线一圈一圈地旋转，旋转的角度变得越来越大，中心距离也越来越远。特别是这两种度量以完全相同的速率增长。

对数螺线也可以用极坐标优美地表示成 $r = e^{\theta}$ 或等价 $\theta = \ln r$。这个表达式的简单程度是它的直角坐标表达式所不能比拟的，这个方程定义的曲线的角度是$\frac{\pi}{4}$，但是另一角度的曲线可由方程 $r = e^{\alpha\theta}$ 来表示，选择适当的 α 值。

35 正态分布

突破：正态分布是概率论中最重要的工具，最早是由亚伯拉罕·棣莫弗在研究抛掷硬币时发现的。

奠基者：亚伯拉罕·棣莫弗（1667 年—1754 年）、卡尔·弗里德里希·高斯（1777 年—1855 年）、皮埃尔·西蒙·拉普拉斯（1749 年—1827 年）。

影响：几乎所有现代统计和数据分析都通过运用中心极限定理来分析正态分布。

概率论是用来模拟随机事件的数学理论，例如抛掷硬币的结果。但是即使这个简单的事件，抛掷的结果也是令人吃惊的。抛掷一个硬币 100 次，人们期望的得到 50 次正面和 50 次反面。当然这是不可能正好发生的。然而随着抛掷次数的增多，正面数所占的比例越来越接近$\frac{1}{2}$。这就是众所周知的大数定律。它的中心理论就是正态分布。

现代的概率论起源于皮埃尔·德·费马和布莱兹·帕斯卡对赌博中点数的研究。两个人进行简单的游戏，比如抛硬币。若硬币是正面，那么皮埃尔得一个点数，反之则布莱兹得一个点数。最先得到十点的人会赢得所有的赌注。困难在于：假如这个游戏突然停止——可能是硬币丢了，此时比分 6 ∶ 4。两个人决定不再继续赌下去，而是按每个人目前的点数尽可能公平地分掉全部赌注。他们应该怎么做呢？

左图：掷骰子和抛硬币等游戏，已经被玩家和赌徒玩了至少 5 000 年。它们是研究概率论的最早实验，虽然很简单，但通过它们，复杂的概率分布，比如正态分布被发现。

右图：中心极限定理保证你抛掷 100 次硬币，出现正面的次数服从正态分布。

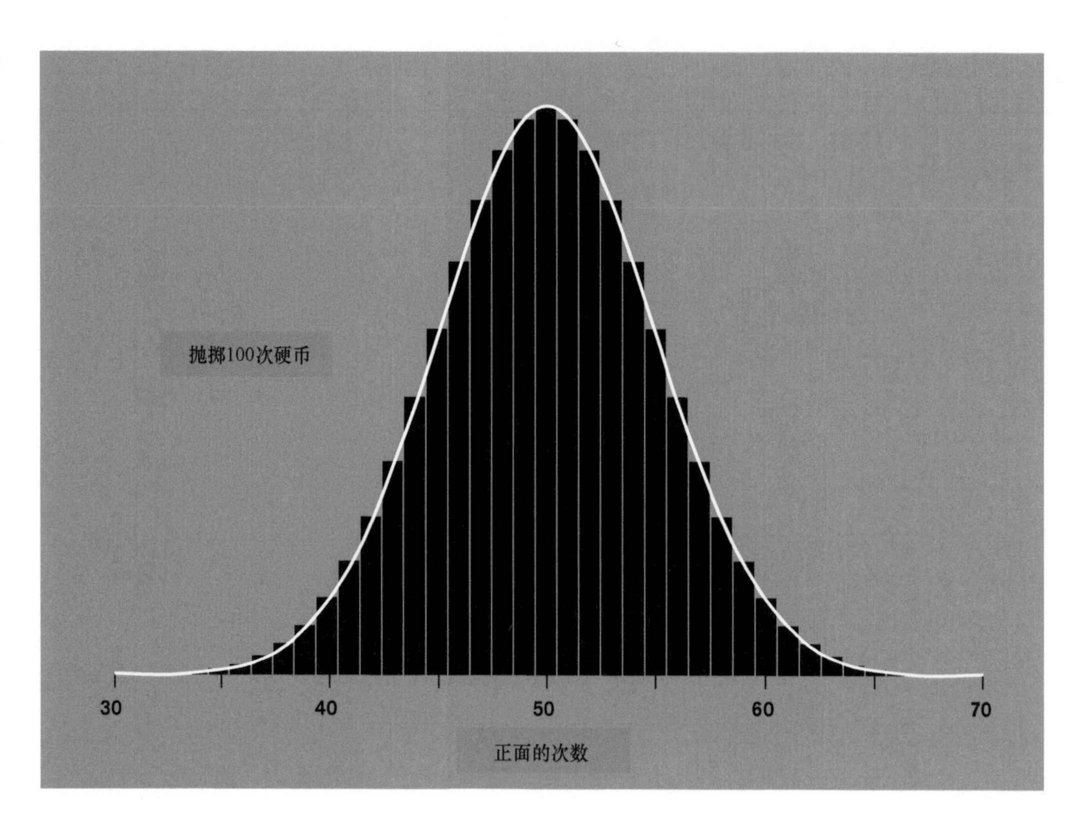

点数问题

一个天真的想法是皮埃尔拿 60% 的赌注，布莱兹拿 40%。但这个问题是微妙的，首先，他们首先决定，什么样的分配才是最公平的分配？在这个分配过程中，皮埃尔和布莱兹拉开了现代概率论的序幕。

他们分配的方法是依据已有的得点数计算出各自获胜的概率。在这个例子中， 皮埃尔获胜的概率是$\frac{191}{256}$，这就是他通过分配得到的赌注比例。这个想法将会是即将到来的概率论学科的核心问题。

正态分布

18 世纪早期，亚伯拉罕•棣莫弗是第一个试图理解概率论背后数学理论的人。他最重要的发现是“正态分布”，现在变成整个概率论最普遍的常识。但是，棣莫弗没有继续他的研究工作，也没有意识到正态分布的深刻意义。后来，卡尔•弗里德里希•高斯和皮埃尔•西蒙•拉普拉斯的研究突出了正态分布的重要性。因为这个原因，正态分布也被称为“高斯分布”或“钟形曲线”。今天，正态分布是描述数据分布的主要工具，出现在统计学和各个学科中。例如，海洋生物学家测量大西洋黄花鱼的长度。他会看到一些鱼比其他鱼长。黄花鱼的期望长度为 10 英寸，但这不意味着我们看到的每条鱼都是 10 英寸长。而事实是，如果我们取大量鱼的平均值，结果会很接近这个值。当然，单条鱼的长度有时会比期望值长，有时会短。鱼的长度分布差不多就是正态分布。

为什么正态分布是如此重要？原因之一就是它出现在各个领域，当然在一些领域看起来不是那么明显。

两个因素决定着正态分布，其一是期望值，其二是标准差。小的标准差意味着所有测量鱼的长度与期望值差不多，大的标准差则意味着每条鱼的长度差异比较大。黄花鱼的标准差是 2 英寸。

中心极限定理

为什么正态分布如此重要？原因之一就是它会出现在各个领域，当然在一些领域看起来不是那么明显。抛掷硬币和鱼的长度看起来是不同的数学模式。鱼的长度在介于鱼嘴和鱼尾之间的长度，从直觉上看，这个长度形成一个钟形曲线是合理的。

而抛掷硬币则截然不同，它只会产生两个结果——正面和反面。然而，棣莫弗发现一个隐藏的事实，这个事实后来被称为“中心极限定理”，它表明，如果抛掷次数足够多，就会有一个正态分布出现。如果抛掷 100 次，用出现正面的次数除以总抛掷数，得到正面的出现的概率，大数定理告诉我们期望值为$\frac{1}{2}$。但是，大多数情况下实际概率不可能恰好就是$\frac{1}{2}$。那么，正面的概率围绕着期望值是怎样分布的呢？中心极限定理表明，近似于正态分布。此外，抛掷次数越多，近似程度越高。抛掷 1 000 次的结果就会非常接近正态分布。

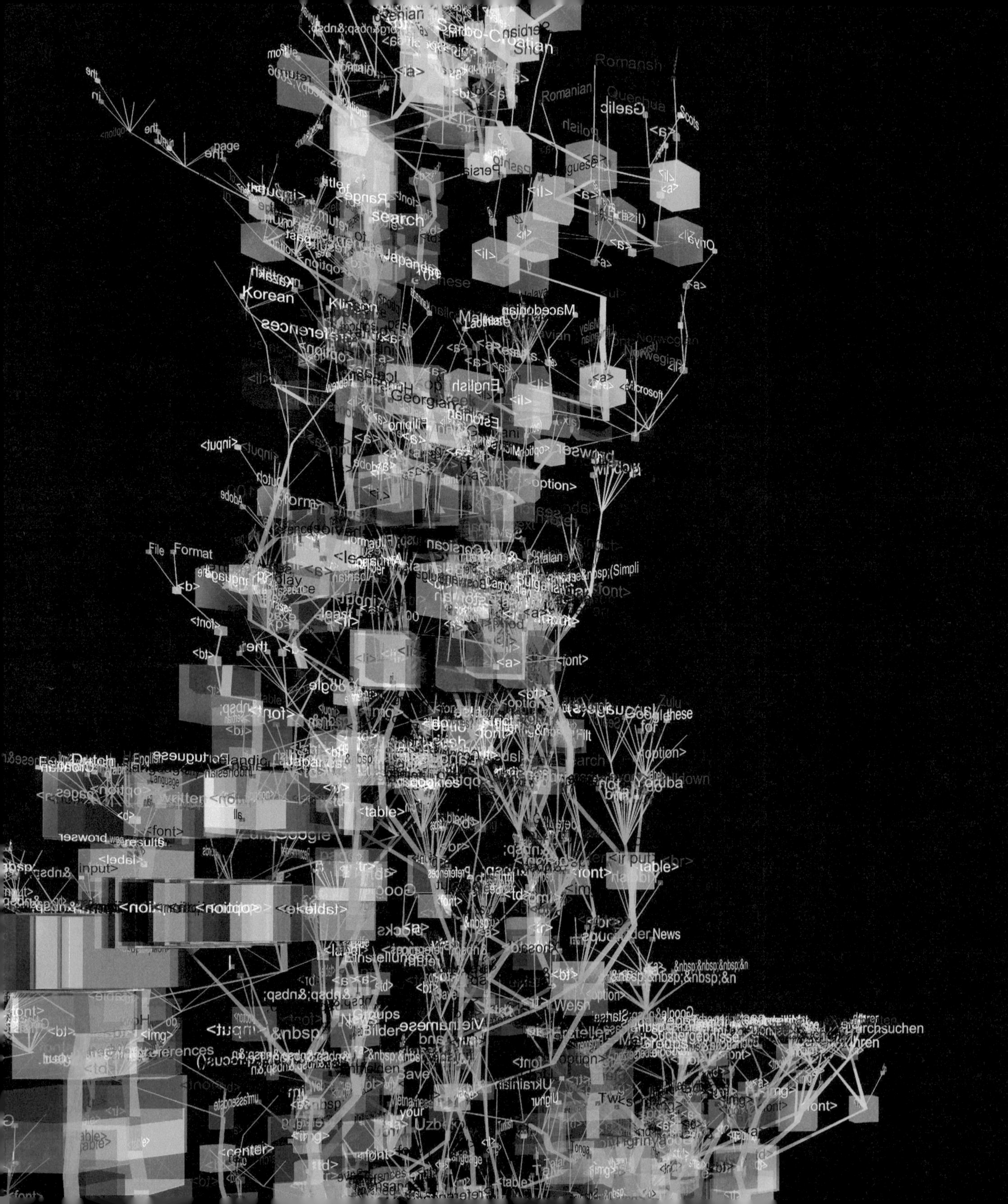

Serbo-Croatian
Romansh
Romanian
Quechua
Gaelic
Scots
Korean
Klingon
Macedonian
Japanese
search
English
Georgian
Estonian
Filipino
<input>
<option>
browser
<form>
File
Format
<b>
Catalan
Corsican
<font>
<a>
Google
Zulu
these
Dutch
English
Portuguese
Yoruba
<table>
cookies
results
browser
<label>
Einstellungen
News
Welsh
Groups
Bilder
Vietnamese
Ukrainian
Uzbek
<center>
<img>
<td>
your
save
Tonga

36 图论

突破：图是用边连接点形成的网络。这种简单的对象可以有效地捕获一个给定的几何形状所代表的信息。

奠基者：莱昂哈德·欧拉（1707 年—1783 年）。

影响：图把一个问题的本质提炼出来。它贯穿于整个数学领域，从拓扑理论到最实际的计算问题。

一些数学突破迎来了一个复杂化的新时代，先进的方法、技巧足够去解决那些技巧性高的难题。但是其他的发现却是沿着相反的方向发展。通过剖析问题，抽取出其骨干，使得一个看起来复杂的问题变成了一个简单的问题。

一个著名的案例就是图论的诞生，现在图论常用来分析各式各样的网络。图论开始于莱昂哈德·欧拉求解一个有关欧洲小镇柯尼斯堡的奇怪谜题。柯尼斯堡现在称为“加里宁格勒”，是俄罗斯的一部分。然而先前的几个世纪，它是东普鲁士德国的一个省的首府，而且是欧洲一个著名的知识分子生活的中心。

柯尼斯堡七桥问题

柯尼斯堡坐落在普列戈利亚河，这条河把该城市分成四个区域。这些地区由七座桥连接着。这些桥送给当地居民这样的一个难题：在所有桥都恰好走一遍的前提下，是否可以参观整个城市？

所有试图寻找满足这样条件的观光路线都失败了，结果导致得到这一结论——这是不可能完成的。但也许是正确的路线根本还没有被发现。为了一次性排除所有的可能性，所需要的不止是实验，而是需要一个证明。附近的丹泽市市长卡尔·埃勒（Carl Ehler）向大数学家莱昂哈德·欧拉提及这个谜题。最初，欧拉对这个问题不屑一顾，并称这个问题“和数学几乎没有半点关系……该问题的解决只依赖于推理，而且它的发现不依赖

左图： 用数学图阐明谷歌网站的源代码。创建网站的源代码都是超文本标记语言写成的，每一个网站都有一个标签，一个网站又可能包含许多子标签（网站）。节点表示标签，边表示标签与子标签的链接。

右图： 柯尼斯堡七桥问题。用图论的语言，节点代表城市的一部分，连接节点的边代表 7 座桥梁。这个问题的解决取决于每个节点连接的边数都是奇数的。

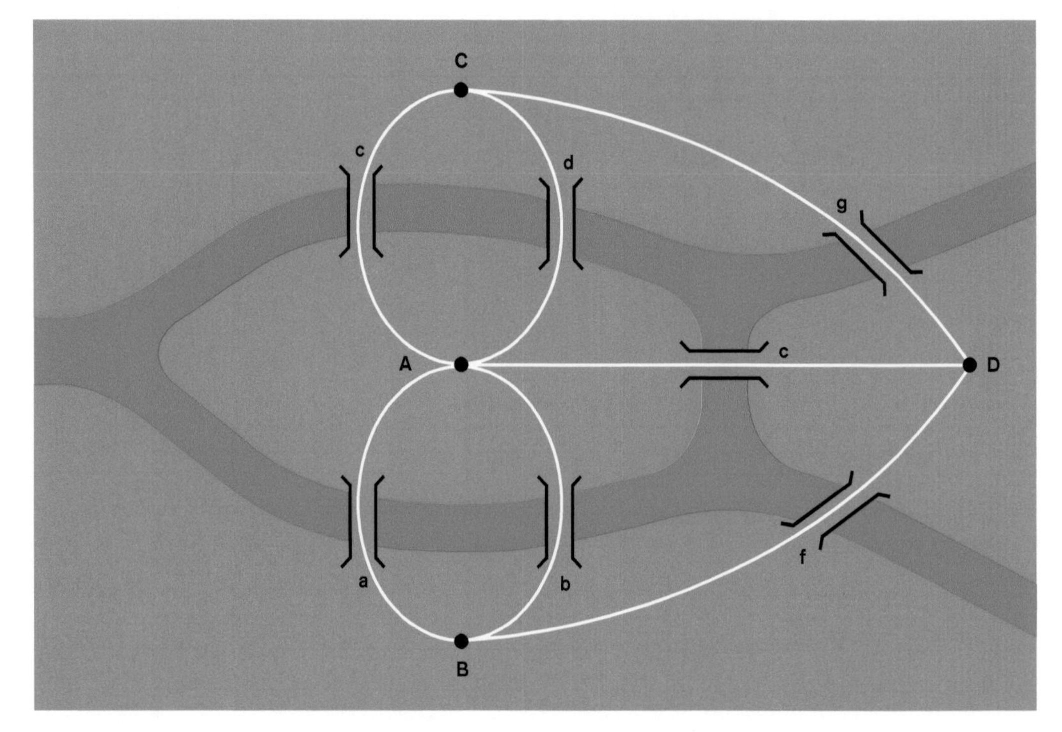

于任何数学原理”。然而，欧拉很快解决了这个问题。正如人们期望的那样，他证明了在所有桥都只能走一次的前提下不存在浏览整个城市的路线。虽然，他起初认为这个问题很简单，但他后来写道：“在我看来，值得关注的是，无论几何还是代数，甚至是艺术都不足以解决这个问题。”事实上，欧拉所运用的是数学一个全新的分支的雏形，这个分支就是图论。

图论

图是由连接不同节点形成的图形。虽然欧拉没有用这些术语描述图。他求解桥梁的问题让人注意到：这个城市的几乎所有地理细节是不相关的。真正重要的是这张基础图：4 个点代表 4 个城市，4 条边代表 4 座桥梁。欧拉称这种方法为“几何位置”，并把这种方法归功于弗里德·莱布尼茨。这种新几何预示着拓扑学（见下册第 5 页），图在拓扑学中发挥着重要作用。

一旦把“柯尼斯堡七桥”问题转化成图，问题就变得容易解决了。从一个节点出发的边数就是这个节点的度，欧拉证明了不重复每条边的路线需要每个节点的度必须为偶数，但“柯尼斯堡七桥图”有 3 个度为 3 的节点，一个度为 5 的节点。

图形与几何

虽然图很简单，但是它代表着非常困难的问题，例如，绘制图时其边是可以交叉的。事实上，很多时候都不可能绘制出边不交叉的图。一个长期存在的难题就是将 3 间房屋各自都连到 3 个公共设施管道：煤气、水和电。这是不可能实现的，因为无论怎么组织管道，都不可能避免至少一条路线相交。

平面图是指可以画在平面上并且使得不同的边可以互不交叠的图。3 个点与另外 3 个点分别对应相连的图不是平面图。另外一个非平面图是 5 个顶点的完全图。这个图有 5 个顶点，每个顶点与其余顶点相连。（4 个点是可以连接成平面图的。）

欧拉求解“柯尼斯堡七桥”的问题令人注意到，这个城市的几乎所有地理细节是不相关的。真正重要的是这张基础图。

1930 年，卡齐米日 • 库拉托夫斯基证明了一个令人吃惊的结果：这两个特殊的图在判定是否是平面图时起着决定性的作用。库拉托夫斯基的定理表明，每一个非平面图必须包含有 5 个顶点的完全图或 3 个顶点功能图。

图论与算法

最近这些年，图论与计算机科学的困难、深入的问题密切联系在一起。例如，想象两个巨大并且看起来不一样的图形。在图论中，节点的精确位置以及边的长度都是无关紧要的。所关心的是两个节点是否相连。因此，这两个图可能是等价的，尽管看起来不一样。但是怎么去检验它们呢？这是图的同构问题。

理论上，这是容易解决的。比较一个图的节点和边与另一图的节点和边的对应关系，直到找完所有可能的对应。困难在于，这可能是一个非常漫长的过程。运用计算复杂性理论的专业术语，图的同构问题的复杂性为 NP（见下册第 131 页），而不是 P，这意味着这在现实世界中是非常难于处理的。另一个著名的计算密集型有关图论的例子是旅行商人问题（见下册第 133 页）。

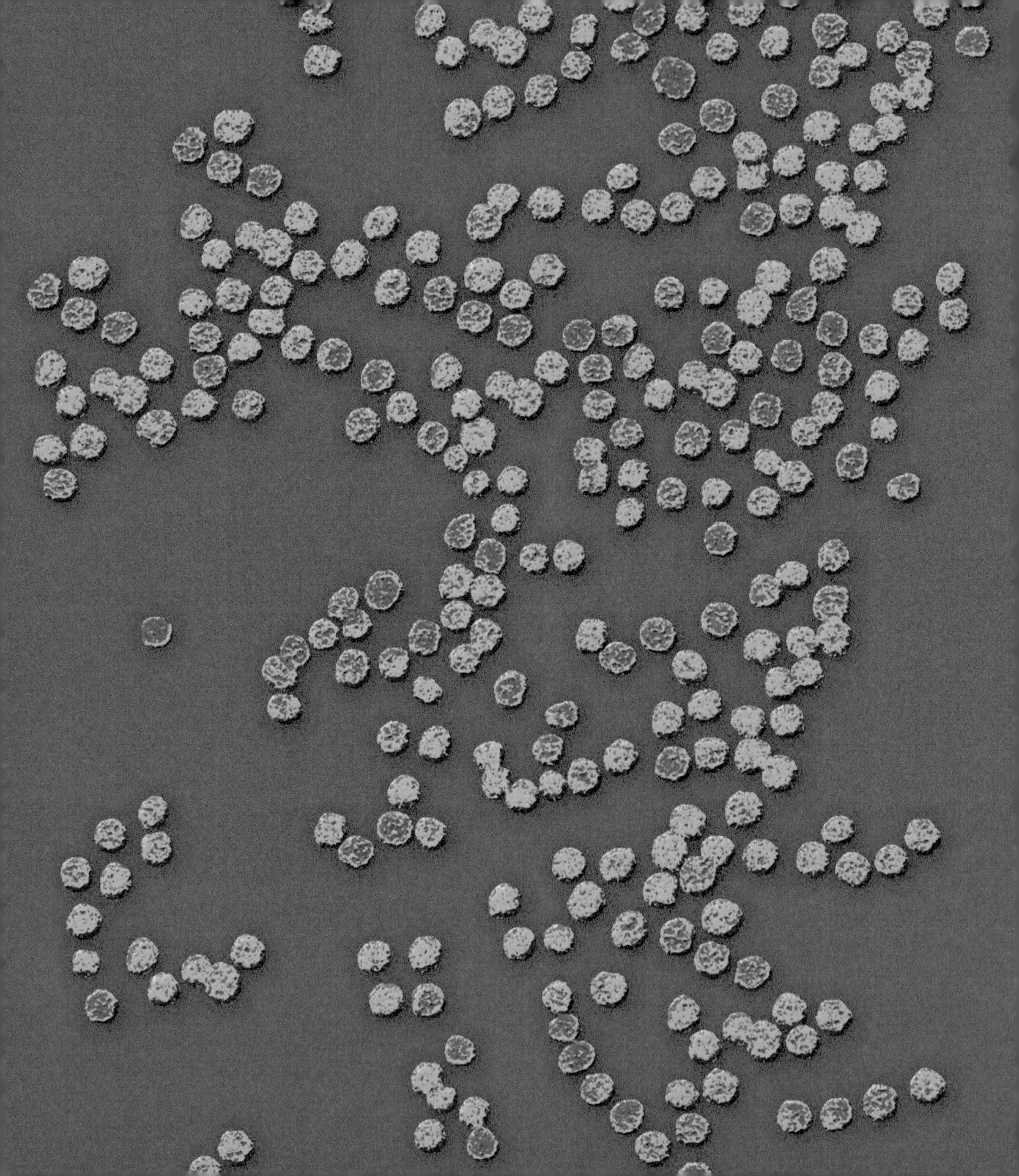

37 指数运算

突破：18 世纪，幂级数这一新的数学工具允许数学家第一次扩充指数运算。

奠基者：詹姆斯·格雷果里（1638 年—1675 年）、布鲁克·泰勒（1685 年—1731 年）、莱昂哈德·欧拉（1707 年—1783 年）。

影响：欧拉的工作是复分析这门学科最早的重要工作，复分析仍是当今科学研究的一个重要课题。这也导致出现了数学中最美丽的等式——欧拉公式。

只要数学家认真考虑数字，他们就明白加法与乘法之间的基本关系，即乘法是多次重复的加法，类似地，幂运算是多次重复的乘法。这个观点适用于整数。可是，如何去理解指数是复数的幂运算呢？回答这一问题需要涉及数学分析中最有价值的工具之一 ——幂级数。幂级数推出了这个学科中最漂亮的定理——欧拉公式。

每一个孩子都知道：4×3 就是把 3 个 4 相加：4+4+4 得到的那个数。用这种方法，4×3 与 3×4 显然表达的是同一个结果。这两个数是相等的，这可以从按 3 行 4 列摆放的物体看出。哪个数在前，取决于你是按行数还是按列数，这正好可以等同于 4 个一堆，共 3 堆或者 3 个一堆，共 4 堆这种问题。

这种类型的推理很可能就是最早抽象数学进行的推理。近代，数学家也开始考虑幂运算，或称为“指数运算”。本质上，幂是重复的乘法，如 $4^3=4\times4\times4$。首先预示这是一个比较麻烦的运算是因为 $4^3\neq3^4$。幂是很多伟大数学理论的主人公，包括“费马大定理”（见下册第 161 页）和“华林问题”（见下册第 233 页）。但是它们所涉及的指数都是整数。

左图： SARS 病毒的自我复制。许多生物，包括病毒，如果任其发展它们将以指数速度自我复制，这就是即使是轻微的感染也会如此危险的主要原因之一。

复指数运算

随着出现新的数系－复数，把运算扩展到这一新的不熟悉的数域上是很必要的。加

上图： 1953 年，美国内华达试验场进行的 61 千吨当量级的原子弹试验。原子弹的工作原理是核裂变。当钚或铀原子分裂成更小的原子时，它们释放出能量和中子，这些中子继续进行连锁反应，因此炸弹的威力呈指数级增长。

法和乘法没有太大的问题，按之前的运算规则就可以得出结果。然而，指数运算却是复杂微妙的。比如 2 的复指数幂 2^i 是什么意思呢？当然，答案可能是什么也不是。正如随意收集一些字母组成的单词，未必就是一个有意义的单词，同样，也没有理由去相信数学符号的随意组合就是有意义的。

然而，结果将是可以赋予 2^i 一定的意义。完成这一工作可以通向复分析这门学科的最早、最重要的工作。这一思想来源于两位英国数学家，詹姆斯・格雷果里和布鲁克・泰勒。他们最早研究了后来称之为“幂级数”的理论。事实上，印度天文学家玛达瓦在几百年前通过考虑三角函数、正弦函数和余弦函数，就有了类似的观点。这些对象在复分析中将获得新的重要性。

幂级数

幂级数是把同一个数的所有递增的幂次加起来得到的。最简单的情形是把某个数 x 的所有幂次加一起，比如 $1+x+x^2+x^3+x^4+\cdots$。如果这个表达式收敛到 $\frac{1}{1-x}$（只要 $0<x<1$），幂级数就不那么明显了。

正如詹姆斯・格雷果里之前的玛达瓦，格雷果里研究了正弦函数和余弦函数。人类在几百年前就开始用正、余弦函数去推导有关三角形的几何性质。之前这些函数并没有公式表达式，但是格雷果里发现它们可以精确地表达成幂级数：

$$\cos x = 1 - \frac{x^2}{2} + \frac{x^4}{4\times3\times2} - \dots$$

$$\sin x = x - \frac{x^3}{3\times2} + \frac{x^5}{5\times4\times3\times2} - \dots$$

布鲁克・泰勒研究得更为深入。数学中充满了函数，意指输入一个数就会输出一个数的规则。泰勒证明了极重要的定理，那就是几乎所有重要的数学函数都可以表达成适当的幂级数。

指数函数

正如任意收集一些字母组成一个单词，未必就是一个有意义的单词，同样也没有理由去相信数学符号的随意组合就是有意义的。

如果每个合理的数学函数都可以表达成一个幂级数，莱昂哈德·欧拉认为这就可能找到一条途径使复指数有意义。他推导了最重要的幂级数表达式——指数函数：

$$e^x = 1 + x + \frac{x^2}{2} + \frac{x^3}{3\times 2} + \frac{x^4}{4\times 3\times 2} + \frac{x^5}{5\times 4\times 3\times 2} + \cdots$$

这个级数最为人所共知的是当 x=1，输出的数 e 约等于 2.7183。这个函数具有一些特殊的性质，使得后来几世纪，它都在数学领域里起着特有的重要作用。特别是，欧拉认识到这正是使像 2^i 这样的表达式有意义的途径（它的近似值是 0.77+0.64i）。

欧拉公式

欧拉的关于复指数的表达式与在整个数域上的“重复乘法”是相容的。此外，他还有一个绝妙的观察，他注意到 e^x 幂级数类似于正弦函数和余弦函数的幂级数。特别是，当欧拉把 i 乘以 z 代入指数函数时，他得到的一个幂级数恰好就是 cos$z$ 的幂级数加上 i 乘以 sin$z$ 的幂级数。这样欧拉就证明了 $e^{iz}=\cos z+i\sin z$。

这个公式对所有的复数 z 都是正确的。当他在公式中令 $z=\pi$（这里 π 是弧度制，数学家喜欢用这种方式代表角度）时，令人高兴的事发生了。π 代表旋转的半周或者是 180°。三角函数的基本事实是 sinπ 等于 0，cosπ 等于 −1。因此 $e^{i\pi}=-1+i\times 0$。移项得到数学中被公认为最美丽的公式：

$$e^{i\pi}+1=0$$

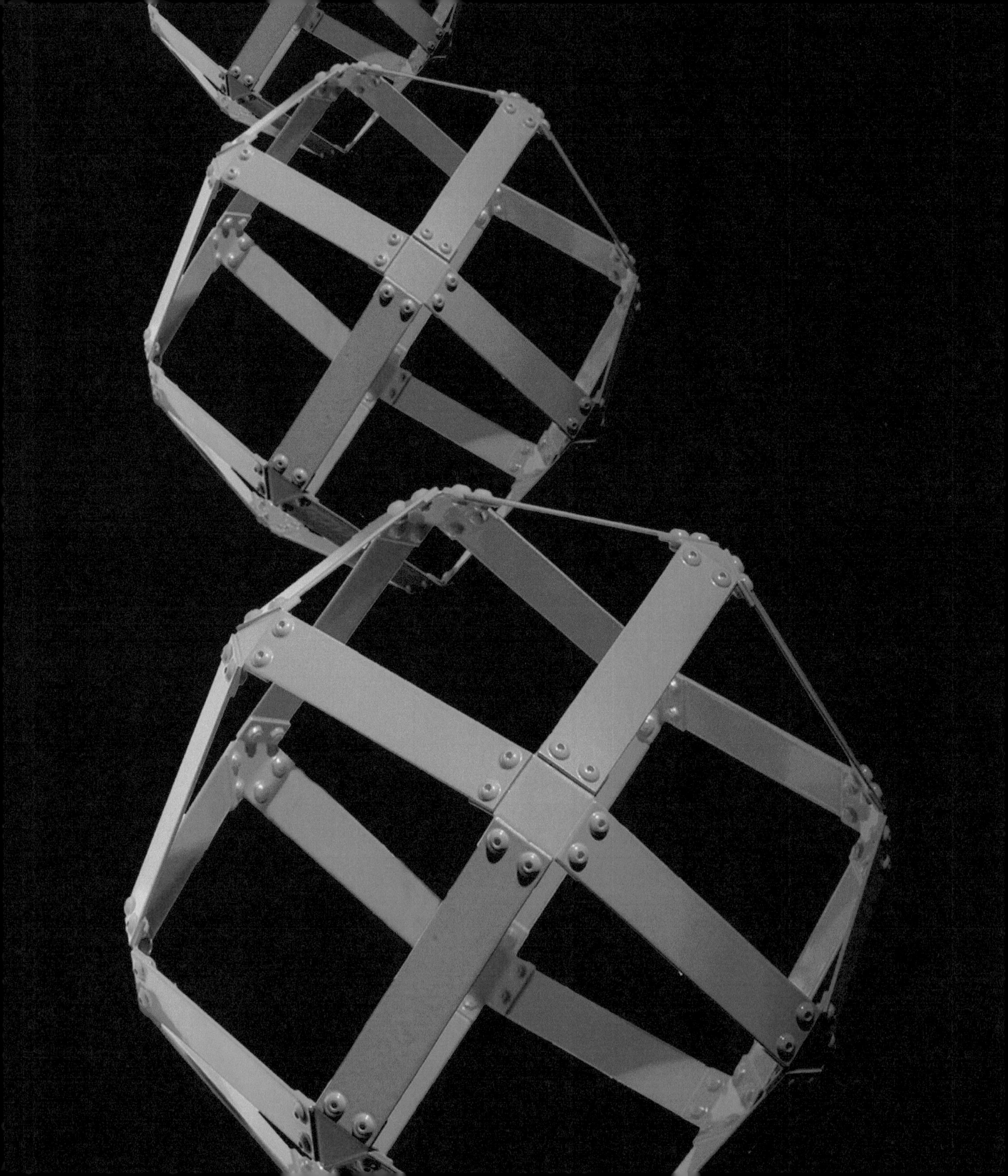

38

欧拉特征数

突破：欧拉发现了关于多面体的面数、棱数和顶点数的基本关系。

奠基者：莱昂哈德•欧拉（1707年—1783年）。

影响：欧拉的结论体现了三维图形的一个基本事实，三维图形从此成为数学家的一个重要工具。推广欧拉特征数的结果是推动了图形科学的深一层的发展。

多面体是由平面和直边在顶点处相交构成的三维几何图形。1750年，莱昂哈德•欧拉写给他的朋友克里斯蒂安•哥德巴赫的信中，描述了一个漂亮的等式。这个等式将任一多面体的面数、棱数和顶点数巧妙地联系起来。

多面体的种类繁多，从简单的正方体、切去截角十二面体（称为“足球体”），到巨大的测地线的圆球，就像陈列在佛罗里达州的未来世界主题公园的那个。但是，就像欧拉发现的那样，所有这些形形色色的图形都有一些共同的性质。欧拉从一个多面体开始，如正方体或截角十二面体，开始数它的面数，在立方体中有6个面，“足球”有12个正五边形和20个正六边形，共有32个面。一般用 F 表示面数。

其次，数棱的条数，用 E 这个数。立方体有12条棱，而对于“足球”，E=90。最后，数顶点的个数（用 V 表示顶点的个数）。对于立方体 V=12，而对于“足球”，V=60。

乍一看，这些数字似乎没有什么关系。毫无疑问，不同的图形像立方体和“足球”都有相应的 E、F、V 值，当然，另一种多面体也就对应不同的3个值。但是欧拉注意到在这个表面下的惊人相似点。当他对这种图形计算 $V-E+F$，一些匪夷所思的事情发生了。对于立方体得到8-12+6=2。对于截去顶点的十二面体是32-9+60=2。这两个图形虽然不同，但是在每种情形下 $V-E+F$ 的值都是2。

没有巧合，在未来世界主题公园的水下的测地线球有 F=11 520，E=17 280，V=5 762，对于该图形有 $V-E+F$=2。如果你对十二面体、正四面体或六棱柱计算同样

左图：这些多面体将球面分割成12个四边形的面。这种多面体被称为菱形十二面体，具有12个面、24条棱、14个顶点。

的 $V-E+F$，结论同样成立。

欧拉关于多面体的结论对我们研究多面体以及相关图形的理论具有极大的实用价值。因为它对什么是可能的做了一个严格的规定。例如，就像欧拉写信给哥德巴赫那样，此结论排除了恰好有 7 条棱的多面体的可能性。

欧拉特征数

直觉告诉我们，欧拉多面体公式的使用范围可以推广到多面体以外。因为此公式不依赖于面是平的或棱是直的。由球开始，在其面上任取一个点，过该点有一条棱绕球的大圆一周，将这个点与自身相连。这样，将球分成两个半球面。这时，$F=2$，$E=1$，$V=1$。所以这个结果在球面上也成立。

为什么欧拉公式是真的？这个公式到底告诉了我们什么？几个世纪来这个问题一直推动着数学家，尤其是在拓扑学领域。

这个公式是拓扑学最初的伟大定理之一，远远早于这个学科拥有它自己的名字或者以它本身作为数学一个分支的时期。今天，拓扑学家们将不同的图形认为是本质相同的，一个图形可以通过拉伸变成另一个图形。粗略地来说，正方形、正四面体、六棱柱和截去顶点的正十二面体在拓扑学上都是球体。欧拉定理阐述了不管把球怎样切割，所得多面体都将有这样的结果：$V-E+F=2$。

然而，纵然欧拉公式的应用十分广泛，但仍有一些多面体不适用欧拉公式。如果表面下的立体图形有一个洞，结论将是不同的。例如 4 个立方体的环形，每个立方体由 6 个矩形构成。对这个图形，$F=16$，$E=32$，$V=16$，得到 $V-E+F=0$。特别是，这一结论适用于任何含一个洞的多面体。这些图形在拓扑意义下与球不等价，但等价于圆环（或面包圈）。类似的对一个具有 2 个洞的图形进行任何一种切割，都将得到 $V-E+F=-2$。数 2，0，-2 很本质地描述了图形。这三个数分别对应于球、单环和双环的欧拉特征数代数拓扑。

代数拓扑

从一开始，欧拉特征数就暗示了空间的一个深刻理论。当时对于为什么面数加上顶点数减去棱的条数会得到一个有意义的量还远不清楚。为什么欧拉公式是真的？这个问题到底告诉了我们什么？几个世纪来这个问题一直是推动着数学家，尤其是在拓扑学领域。因为欧拉特征数能把球、单环和双环区分开来。它在闭曲面分类的证明中起着关键作用，也许是第一个正确的拓扑定理。

在 19 世纪末，昂利・庞加莱有力推动着这一思想的进一步发展。他把这一思想引入更高维的空间，就像多面体是由顶点、棱和面构成的，一个更高维的多面体（见第 193 页）是由低维的小单元构成的。庞加莱注意到，对于一个三维多胞体，量“$C-F+E-V$”是一个常数，只取决于面的拓扑，而不是取决于小单元的具体分解。

最终，欧拉关于多面体的结论带来了一门现代学科——代数拓扑。在应用这门学科中，图形中的结构可以彼此相加或相减，在一个深层拓扑水平上产生复杂的代数对象来描述内部形状。

上图：位于佛罗里达州迪斯尼世界的“未来世界”中心的地球飞船。巴克敏斯特・福乐设计了球型屋顶的数学结构，它包括 11 520 个面、17 280 个棱、5 672 个顶点。

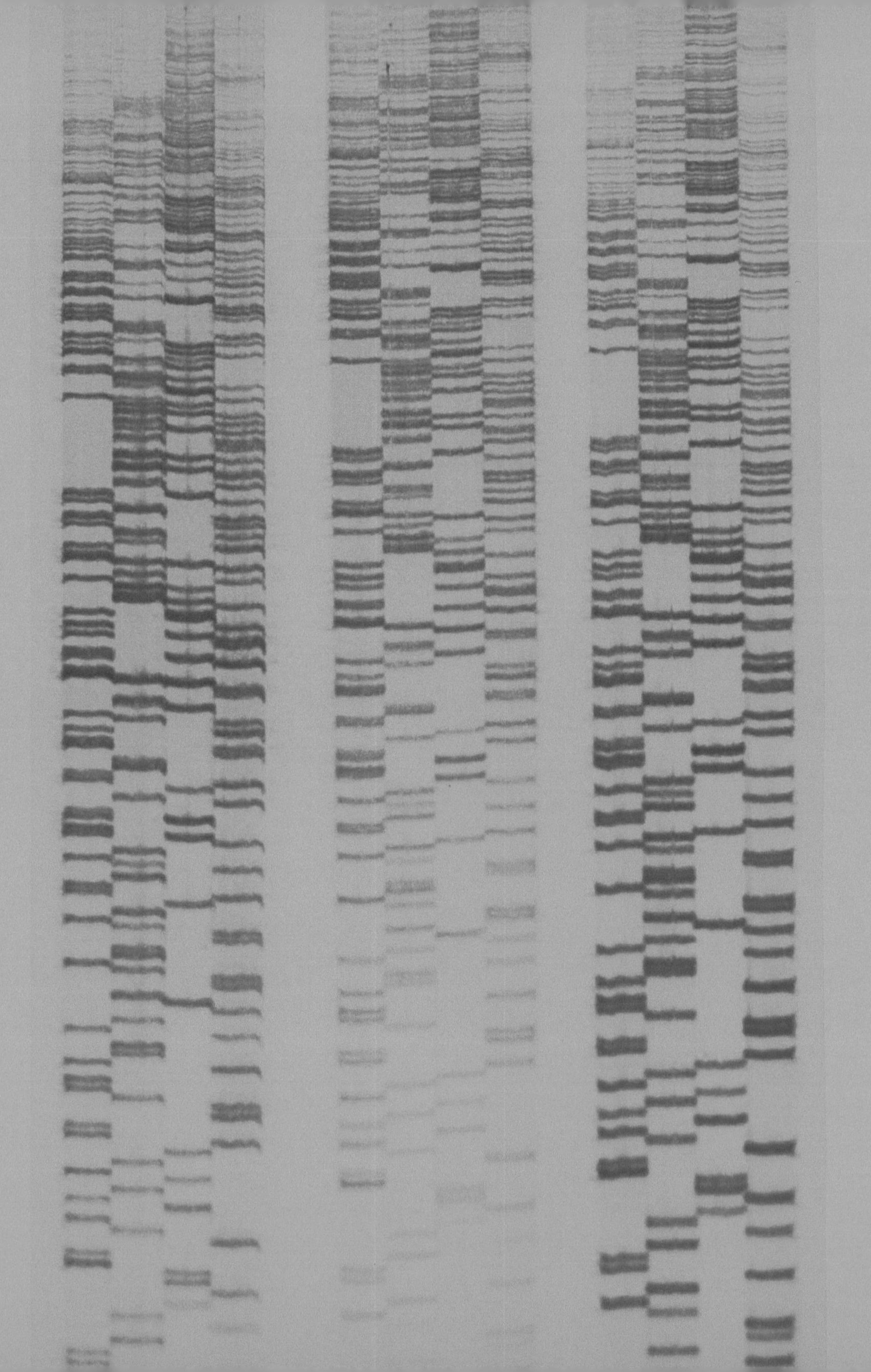

39 条件概率

突破：条件概率意味着一个事件发生的概率取决于其他事件发生的概率。

奠基者：托马斯·贝叶斯（1701年—1761年）。

影响：现在，从各种类型的数据分析到人工智能的研究，贝叶斯原理有着广泛的应用。

人们通常用骰子、硬币、扑克牌来解释概率。这些简单的工具可以体现出概率的基本思想。概率在现实生活有着广泛的应用，但是广阔的世界是混乱复杂的，有些事件发生的概率不是固定不变的，而是受到其他事件的影响，这时我们就不得不去寻找处理这种问题的方法。这个方法的突破是条件概率——一种描述概率的新方法。

当我们抛掷硬币或骰子的时候，很容易想到，这些是不变的概率：有50%的概率得到正面，有$\frac{1}{6}$的概率得到6等。当然这种概率只是在抛掷之前成立。一旦硬币或骰子落地，这种不确定性就转变成了100%的确定性，要么是正面，要么是反面。但是在更广阔的世界里，事情并不是这么简单明了。即使是抛掷硬币的概率也不再是50:50，硬币设计的细节可能会导致概率向一面倾斜。

贝叶斯定理

概率理论缺少对那些概率不是一成不变的，而是取决于其他事件结果的事件的分析方法。为了考虑这种情况，我们就需要修改现有的描述概率的方法。在现实世界中，我们经常遇到的就是这种相互影响的事件。直到18世纪，从数学上描述这些事件的正确方法才被发现。贝叶斯署名发表的题为《试图解决一个概率事件中的问题》的论文是这个方向的突破性的文献，这篇论文发表于1763年，这时贝叶斯已经去世两年了。贝叶斯考虑两个事件A和B，在传统概率论中，每一个事件都有确定的发生概率，通常记为$P(A)$和$P(B)$。$P(A)$和$P(B)$是0到1之间的某一个数。事件的概率不可能为0，确定事件的概率为1。

左图： DNA碱基序列的放射自显影图。我们的基因是由父母的基因（DNA）随机组合决定的。要理解这个过程需要从概率论的知识开始。患某一种遗传性疾病的概率就是一个条件概率问题。

右图：随机抽出一个圆形，是红色的概率为50%。抽出一个红色的物体，它是圆形的概率是12.5%。

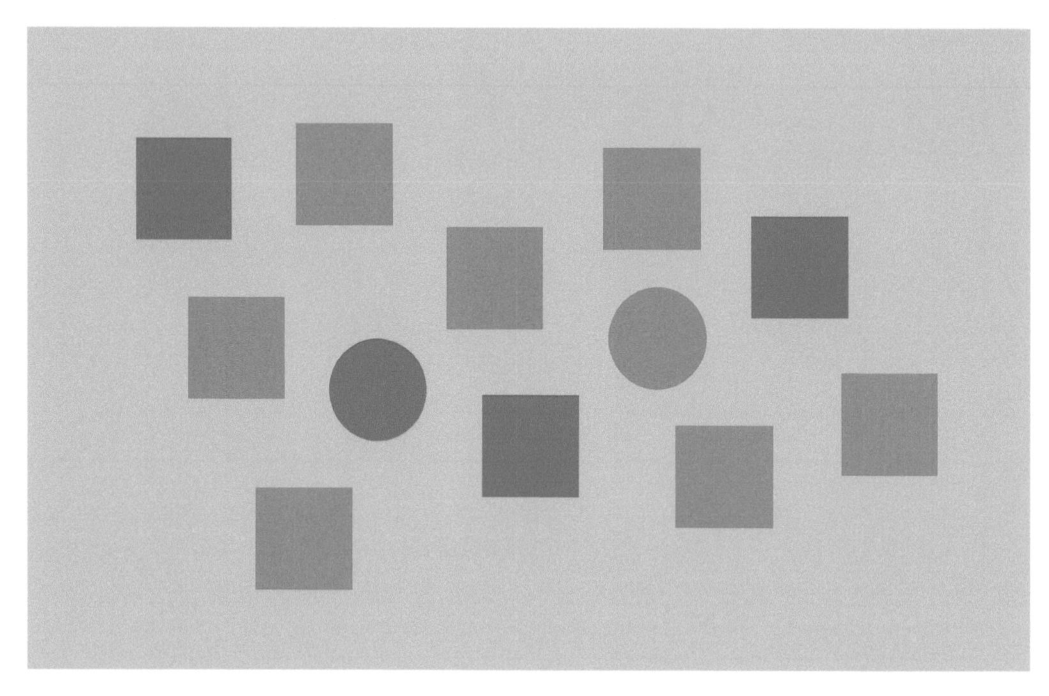

贝叶斯创新之处在于允许两个事件相互影响，即如果事件 A 发生，可能会影响事件 B 发生的概率。在极端情形下，可能会完全排除事件 B 的发生或确保事件 B 的发生。类似地，如果 A 不发生，B 也可能受影响。这个将两个概率联系在一起的变量，如今被称为"条件概率"。条件概率 $P(B|A)$ 表示事件 B 在另外一个事件 A 已经发生的条件下发生的概率，类似地，$P(A|B)$ 表示事件 A 在另外一个事件 B 已经发生的条件下发生的概率。那么这 4 个概率之间的关系是什么呢？贝叶斯定理告诉我们：

$$P(A|B) \times P(B) = P(B|A) \times P(A)$$

条件概率

条件概率和贝叶斯定理成了现代不确定性理论的基石。它们在"马尔科夫过程"（见下册第 37 页）中有着特别重要的作用。事实上，"马尔科夫过程"的定义就是基于条件概率。

然而，条件概率与人类的直觉形成了强烈的反差。人类似乎有一种自然的倾向搞混 $P(A|B)$ 和 $P(B|A)$，即使两者代表的意义完全不一样。在医学界有一个问题，是说准确

测定某种疾病的意义是什么？我们自然希望真正患病呈现出阳性的概率大，无病呈现出阳性的概率小。因此，在任何测试下都存在两个刻画测试准确性的数字——显示阳性患病的概率（我们希望比较大）和显示阳性未患病的概率（我们希望比较小）。

假设一个真正患病且能被检测出呈阳性的概率是 99%，未患病但被检测出呈阳性的概率是 5%。一个病人想知道的是患病且被检测出来呈阳性的概率，不幸的是，我们将会看到我们已有的数据不足以回答这个问题。

问题的答案取决于已经患病的人占总人数的概率，这个概率称为“先验概率”。如果测试是完全独立的，先验概率就简单描述成患病人数占总人数的比例。让我们假定某种疾病的发病率是 0.1%。如果 100 000 个人参加测试，就会有 100 个人患病并且 99 个被检测出了呈阳性。剩下的 99 900 未患病的人中仍有 5% 的概率被检测出呈阳性，因此会有 4 995 个人也呈现出阳性。现在很清楚的是，测试显示阳性的人数远远超过实际患病的人数。具体地说，如果我被检测出来呈阳性，而我是 99 个当中真正患病者，而不是 4 995 错误中的人数的概率是 $\frac{99}{4995+99}$，大约是 2%。

条件概率和贝叶斯定理变成了现代不确定性理论的基石。

如今这种误解仍然存在，从而导致在医院或法庭出现了很多的问题。在贝叶斯理论的指导下，我们至少应有更正确的头脑去理解这些现象。

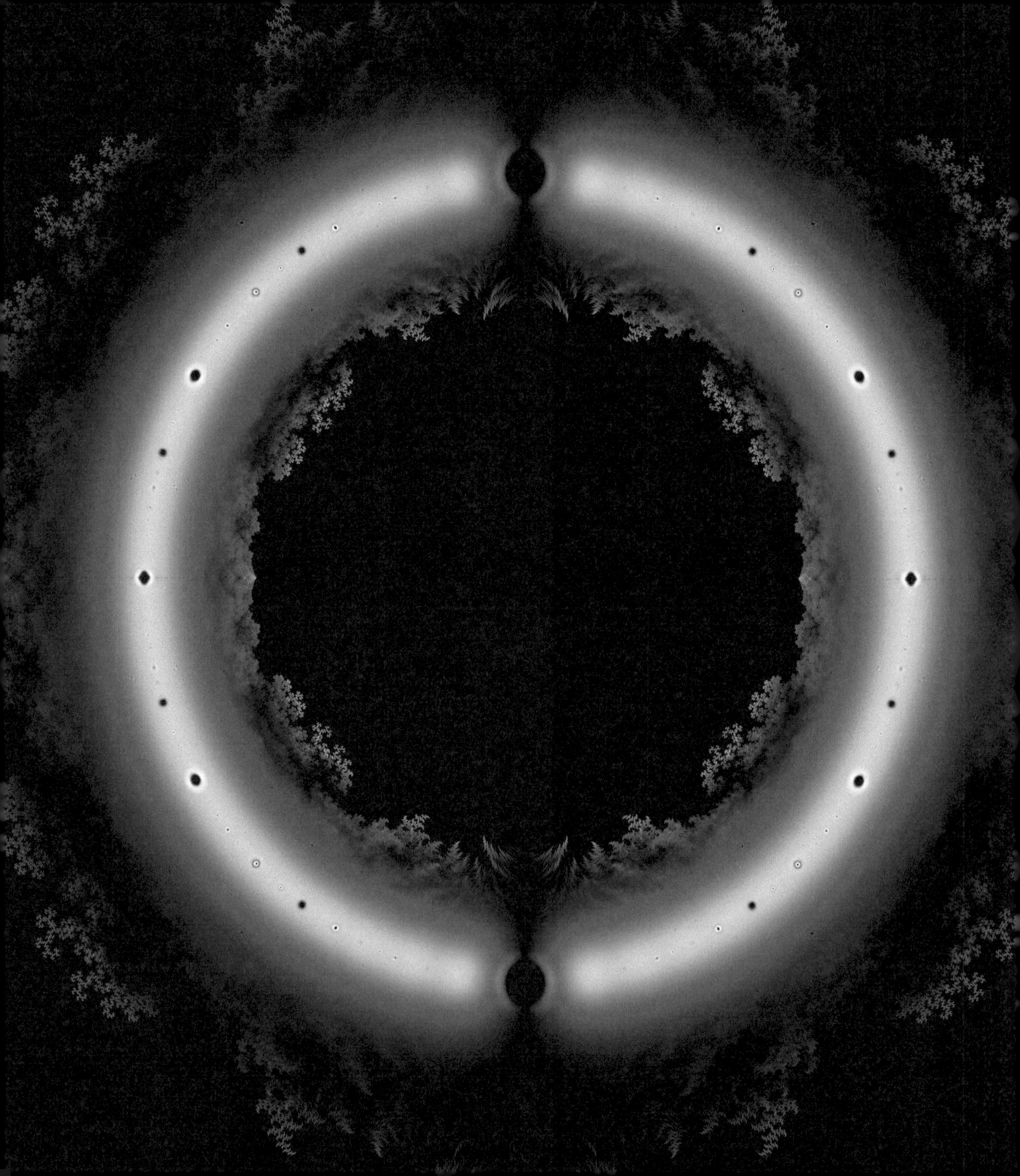

40 代数学基本定理

突破: 代数学基本定理告诉我们，对于求解方程而言，复数就足够了。

奠基者：卡尔·弗里德里希·高斯。

影响：复数是数学领域最伟大的发现之一，最重要的原因是现在复数已被大量广泛的应用。

从古巴比伦泥刻板开始，数学中最漫长的故事之一就是致力于求解方程。然而，在许多时候，数学家发现他们已掌握的数字不足以达到目的。为此，他们不得不转向扩充数域的方向。在 19 世纪初，出现了一个历史性的变化——复数的诞生，这使得数域扩充的道路走到了尽头。

一个等式就是一个量等于另一个量，如：3+4=7。通常，如果等式涉及一个未知数，一般记为 x，则称为方程。求解方程也就是找到 x 的值，使得方程成立。比如，方程 $5+x=9$，则其解为 $x=4$。

这种想法虽然一点也不复杂，但是在历史上的不同时期，人们仍是相信某些方程是不可求解的。例如方程 $5+x=2$。丢番图认为这种方程是“荒谬”的。但是随着负数（见第 73 页）的出现，其解显然是 $x=-3$。这是数学家第一次通过扩充数域的方法求解方程。利用正、负数，任意形如 $ax+b=0$ 的方程都是可解的（只要 $a\neq0$）。然而，有理数并不能求解所有的方程。当米太旁登的希帕索斯计算三角形一边的边长时，他需要求解方程 $x\times x=2$ 或者简写为 $x^2=2$。然而，他发现无论如何都不存在未知数 x 是分数且满足此方程。也即，他证明这样的分数并不存在。就是说，在有理数的限制下，如此简单的方程 $x^2=2$ 无解，丢番图再一次认为这样的方程是“荒唐”的。经过一段时间之后，有了无理数的扩充，数学家对无理数有了越来越多的了解，方程 $x^2=2$ 有一个解为 $x=\sqrt{2}$，大约是 1.41421356。

左图：利特尔伍德方程（即方程的系数为 1 或 -1）的解。代数学基本定理保证这样的方程在复数域中有解，这些根绘制在此图中。

方程与实数

高斯定理表明实系数方程有复数解，但是对于复系数方程，是否需要再次扩充数域？从这两个方面来看，高斯定理并不完善。复数看起来已经很抽象难懂。

所有的正数、负数、有理数、无理数统称为实数。这是一个庞大的数系，但是仍然不能求解所有的方程。吉罗拉莫·卡尔达诺（见第 93 页）和其他数学家注意到仍存在一些不能求解的方程，比如方程 $x^2=-1$。

关于负数的运算法则是非常明了的。两个负数相乘其结果为正数。类似地，两个正数相乘也是正数。但是，没有一个正数或者负数的平方是 -1。

卡尔达诺和其他意大利数学家一直被这样的方程困扰着，所以他们要寻找满足像这样的方程的数。于是，就有了拉斐尔·邦贝利又一次扩充数系，他引进一个新数——i，它是作为方程 $x^2=-1$ 的一个解而定义的，也就是说 $i=\sqrt{-1}$，于是，就得到了一个更大的数系，今天我们称它为“复数”（见第 97 页）。

方程与复数

复数的产生是数学界一次不折不扣的革命。但对于求解方程而言，究竟它们代表多大的进步？实际上，它们确实能够求解先前不可解的方程 $x^2=-1$，$x^2=-2$ 和 $x^2=-3$，同样可以求解方程 $x^2=a$，这里 a 是任意实数。但是更复杂的方程呢？比如方程未知数的幂指数比 2 大。答案并不能一目了然，指出哪些方程仍旧是“荒唐”的，也变得更困难。如果“荒唐”的方程存在，复数是否足够求解它们？

1797 年，卡尔·弗里德里希·高斯宣布了一个定理：复数足够求解任意实系数（未知数的系数是实数）方程。无论求解 $x^4+x^3+x^2+x+6=0$，还是 $\sqrt[5]{2x^2}+\sqrt[3]{3x}=-\sqrt{5}$。高斯定理都能保证存在复数 x 能满足这些方程。这就意味着，那些对求实系数方程感兴趣的人，在复数域中都会得到满足。令人惊讶的是，复数的产生不过是为了求解方程 $x^2=-1$。

高斯可谓是历史上最伟大的数学家之一。代数学基本定理也是数学界的最大成就之一。但是，高斯定理有两个缺陷并没有被当时的人们注意，其一是高斯的证明在涉及有关复平面上的几何曲线时并不严格。另一个更深刻的问题是，高斯定理并没有涉及复系数方程。高斯定理表明实系数方程有复数解，但是对于复系数方程呢？比如，$x^2=i$。求解这种类型的方程，是否需要再次扩充数域？从这两个方面来看，高斯定理还不够完善。

但是，由于复数看起来很抽象难懂，因此，没有人愿意把数域再进行扩充。

1806 年，罗贝尔·阿尔冈利用完全不同于高斯的方法，攻克了这两个难题。阿尔冈第一次给出这个基本定理完整而严谨的证明。他的证明还包含：任意复系数方程都有一个复数解，例如$\frac{1}{\sqrt{2}}+\frac{i}{\sqrt{2}}$是方程 $x^2=i$ 的解。经过上千年的数域扩充，阿尔冈的结果的出现，为此画上了圆满的句号。

上图：坐落于中国上海的东方明珠电视塔。现代通信中，信息以复数的方式传递（实部和虚部代表不同的编码）。解码这些信息需要利用复数中的代数知识。

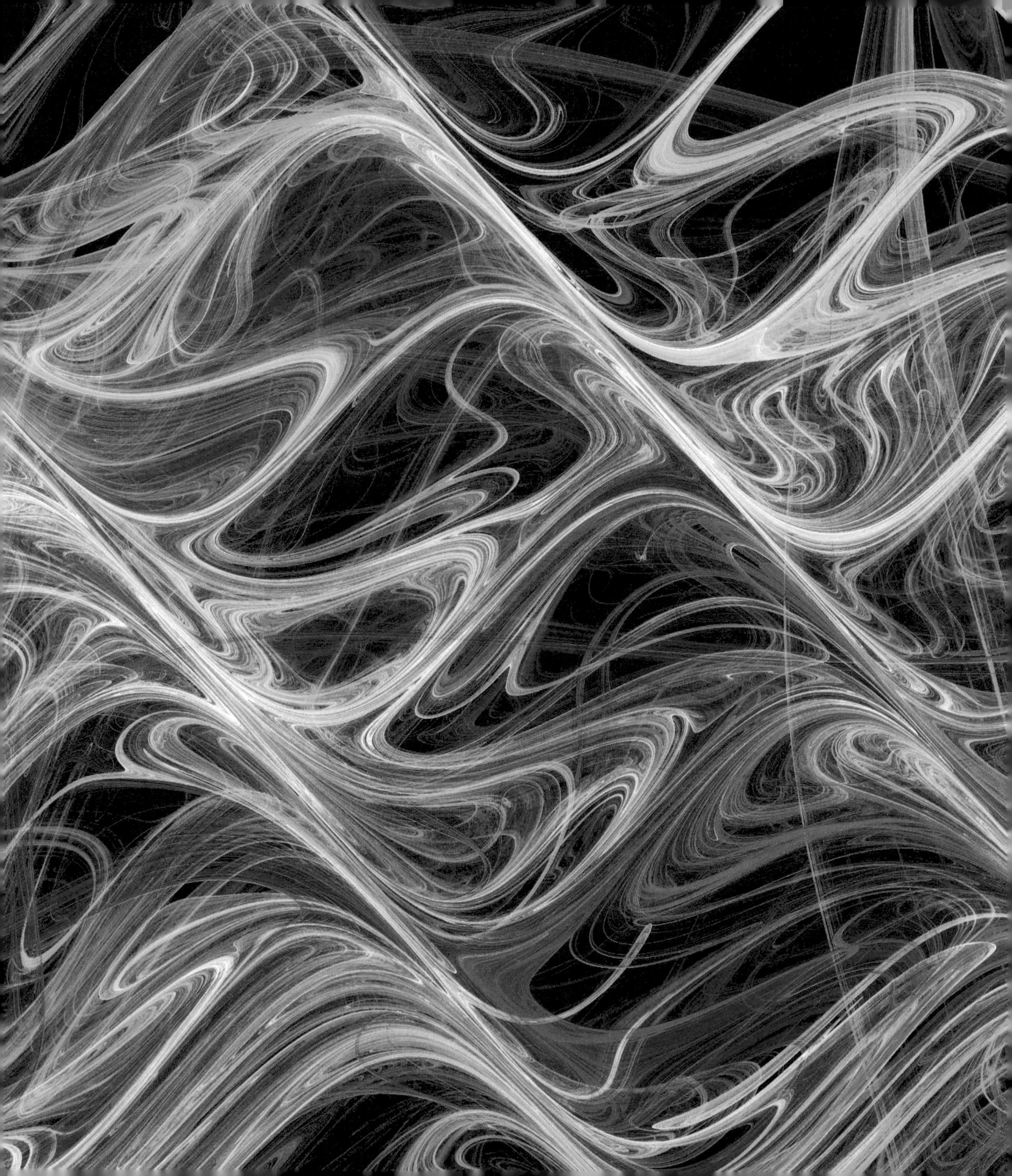

41 傅立叶分析

突破：傅立叶分析是关于波的科学，傅立叶的突出贡献是证明了所有的波都可以通过最简单的波来构成。

奠基者：约瑟夫·傅立叶（1768 年—1830 年）。

影响：从电子音乐的声音到卫星通信，傅立叶分析在现代科学技术中起着核心作用。

现实世界中包含着许多类型的波，从尤克里里琴弦的振动到可怕的地震的震颤，更不用提我们赖以生存的、来自太阳的电磁辐射。现在，波的科学是一门非常重要的自然科学。从声学到电话网，都有波的大量广泛应用。虽然自从毕达哥拉斯起，思想家就开始着迷于波，但是波的现代理论是由法国科学家约瑟夫·傅立叶的革命性工作点燃的。

傅立叶的最早动机是研究热传导。想象你拿一个长的铁棍，一端置于火中，另一端置于冰水中，然后把它放在一个温度恒定的房间中。显然一端会冷却，另一端会变热，直到最后与周围环境温度一样。但是在这期间你如果测量铁棍中间一点的温度，你会发现什么呢？为解决这一复杂问题，科学家们发展了一门学科——傅立叶分析。

准确地说，热是一种流而不是一种波，因为热的传播图不像光和声波那样重复。然而，傅立叶发展的技术已经被证明对波的研究同样很有价值。对傅立叶来说，热不仅仅是一门他所关心的学科，在某种程度上来说是个人崇拜。作为拿破仑的科学助理在埃及的沙漠气候里生活之后，傅立叶形成了一种终身信念——极热的环境对人体有益。回到欧洲，他在他的房间里一年四季都点燃壁火。他的朋友进入闷热的房间就会看到傅立叶裹着被子正在思考数学。

左图：一个抽象的表面，有一条正弦波荡漾通过这个面。这种波的数学基础是傅立叶分析。从量子物理学到移动电话等一系列科学和技术都离不开它。

波与调和函数

波的科学要比傅立叶早数千年。据说毕达哥拉斯已经投入了大量的时间和精力去理解一个音符的音速性质与相应波的物理属性之间的联系。毕达哥拉斯的波是由一种乐器琴弦振动产生，比如七弦琴。但是，同样的道理也适用于我们今天在示波器上看到的重复图案，如医院的心脏监视器上的心电图。每一种波都是一种重复的模式，同一个周期一遍又一遍地重复着。

有多少不同的波形就有多少种不同的声音。从轰鸣的摩托声到萨克斯的悠扬的曲子，在所有波中，数学家最喜欢的正弦波。

毕达哥拉斯明白波长与一个音符音高低之间的关系。这很容易从弦乐器上看到。缩短乐器的弦长相当于缩短波长，并导致弹拨琴弦时发出的声音相比之前的音高。最明显的例子是把弦长缩短为只有原来的一半长。和原来相比，可以看见现在所产生的波的波峰和波谷被双倍地挤在一起。这产生一个有趣的音乐效应：得到的音调正好比原来的音调高八度。如果第一个是 C 调，则第二个是也是 C 调，但是高八度。这个就是第一条谐波或原始波的所谓的第二个谐波。

当你压缩弦长到原来的$\frac{1}{3}$时，类似的事情发生了：可得到第三条谐波（是一个高八度加上一个$\frac{1}{5}$的音）。当你压缩弦长到原来的$\frac{1}{4}$时，依此类推。自从毕达哥拉斯第一次把它们变成乐器的一个和谐音调系统，这些谐波便成为了音乐理论的核心部分。

和谐波在傅立叶的工作中同等重要。不仅音符的音调由声波的波形决定，而且声音的音色也是由声波的形状决定的。所以，有多少不同的波形就有多少种不同的声音。从轰鸣的摩托声到萨克斯的悠扬的曲子。在所有波中，数学家最喜欢的是正弦波。（在几何上，正弦波可以由在竖直平面的圆周上以恒定的速度转动的物体得到。描出物体的高度 - 时间曲线就可以得到一条正弦波。）

干涉和傅立叶定理

当然，心跳和乐器与优美的正弦波相比具有更复杂的形式。像莱昂哈德・欧拉和丹尼尔・伯努利的思想家发现了如何去构造复杂波。利用正弦波作为基本元素，如果你把两个波叠加在一起，某些区域的振动加强，某些区域相互抵消。数学家用正弦函数构造新的波形，通过适当调整加入谐波。

随着越来越多的谐波叠加在一起，其中也包含余弦波（与正弦波一样，但滞后于正弦波$\frac{1}{4}$周期），欧拉和伯努利能够构造各种波形。但是傅立叶的杰作是证明了所有的波都可以通过这种方式构造出来。一个惊人的事实是，通过合并基本音的谐波，任何声音都能仅

左图：依赖于傅立叶分析的众多技术中的一种技术就是分离并分析声音的不同的组成。这件作品描绘了计算机语音识别。

由正弦波构造出来。傅立叶甚至能够提供一个公式，表示每个谐波所需要的量。这个著名的定理是非常有用的，用于移动电话技术、无线通信和语音识别软件的信号分析技术都依赖这个定理。事实上，傅立叶分析已经远远超出了波的范畴，从数学理论的素数到物理学科中的量子力学，都有其广泛的应用。

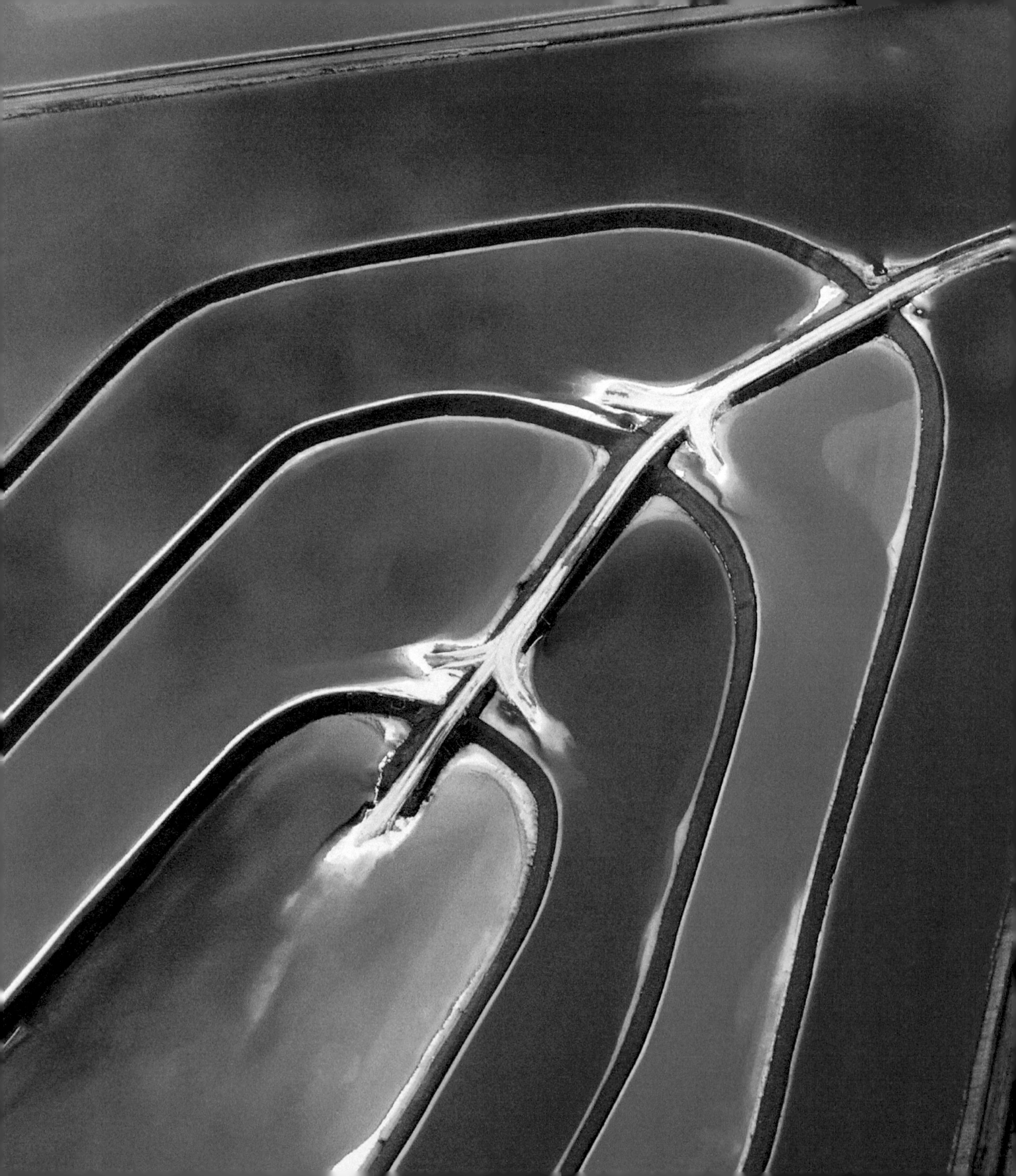

42 实数

突破：实数是连续的，因而满足介值定理，也就是说一条连接两点的曲线必与这两点连线的中垂线相交。

奠基者：伯纳德·波尔查诺（1781 年—1848 年）、奥古斯丁·路易·柯西（1789 年—1857 年）。

影响：用实数可以严谨地证明一些几何问题。实数和复数一起构成了现代数学的背景。

数学包含几种类型的定理。有些是出乎预料并富有想象力的，甚至是令人震惊的。其他一些是深奥的，即便去叙述它都需要很强的技巧，更别说证明了。但也有一些定理，第一眼看上去就是显然成立的，吃惊的是为什么还需要证明。这样的一个例子就是 1817 年由伯纳德·波尔查诺证明的介值定理。这个定理显然是成立的，可是它的证明并不简单。这个定理意味着数学家们第一次发展了一个可以与几何直观完美匹配的数字系统。

取一张纸用水平线将其分为两半。如果一个人在这条水平线的上方和下方各取一点。任意一条连接这两点的曲线必穿过水平线上的某一点（不能耍花样，如将纸折起），这看起来显然是成立的。然而到了 1817 年，数学家才找到合适的工具来证明这一结论。这一著名的结论即介值定理，标志着数学技术与数字定理最终赶上了几何直观。这一定理后来成为现代数学分析的基石。

欧几里得的直线

欧几里得的伟大几何专著《几何原本》开篇就是他的著名公设——欧几里得公理（见第 38 页）。在他能够陈述这些公理之前，他需要给出一些更基本的量——涉及的概念的定义。欧几里得所面临的核心问题是如何定义直线，但是什么是直线呢？像大多数人一样，欧几里得一看到直线就知道那是直线，然而精确地写下其定义就是另一回事了。欧几里得定义为“直线是无限长的”。这传递了一个正确的想法——直线是一维的。沿着它只可以向左或向右移动。当然在现实世界，无论是在一张纸上还是电脑屏上，画出

左图：在美国犹他州的峡谷地，国家公园的尾矿池以前用于存储开采的副产品。要存放材料，矿工都面临着那个不容置疑的几何事实——从线的一侧到另一侧必须在某处穿越这条线，这是一个用了几千年才得到严格证明的事实。

上图：在美国犹他州的拱门美国国家公园，利用长曝光技术拍摄的星迹照片。拱门内最亮的轨道代表了北极星。星星在空中划过的轨迹是典型的连续曲线，没有跳跃和间断。理解连续性的几何花费了数学家许多年的时间。

的任何一条直线都会有一定的宽度，这取决于钢笔尖的宽度或屏幕的分辨率。欧几里得对直线的定义是没有宽度的理想化直线。

这一定义对初等几何是恰当的，并在后来一千多年里作为标准定义。但是后来，尤其是在发现了微积分（见第125页）之后，数学家开始对这些纯直觉的基本定义不满意。他们渴望更严格的基本定义。严格定义的关键在于找到一种方法可以用纯数学观点来解释几何中的点、直线和曲线。

在这个方向迈出的第一步归功于笛卡尔的创新——卡氏坐标（见第121页）。在卡氏坐标系中，每一个点与一个数对一一对应，即它的坐标。例如（1，2）。类似地，直线从“没有宽度的无限长”变为方程，例如 $y=x$。几何概念转化成数间的代数关系。各种关于初等几何的常识性断言变得能够被证明或者被推翻。其中之一便是介值定理，它阐述的是连接两点的曲线必须穿过这两点的中线。

函数与连续性

介值定理是关于曲线的一个定理。事实上，它对任意曲线都成立。在新的卡氏坐标下，点是由数对代表的，那曲线呢？

正是莱昂哈德·欧拉引进了当今使用的标准术语。曲线的记号是函数，本质上就是输入一个数，输出另一个数的一种法则。一个曲线可以认为是函数图像。水平位置（就是第一个坐标）代表着输入，竖直位置（第二坐标）则代表输出。但不是每一个函数都产生一个合理的曲线，一个不规则函数的图像可能出现各种方式的跳跃和不完整。为了保证函数图像是一条曲线而不是乱七八糟的图像，函数图像必须是从一个点流向另一个点。这意味着输入（自变量）做小的变动，输出（函数值）也相应地做小的变动。满足这个规定的函数称为是连续的。

问题在于有理数自身是千疮百孔的，对应出现于无理数的点上（见第 21 页）. 对一个更大数系的需要迫在眉睫，这个数系并入了所有的无理数，是完整的没有洞的。

介值定理

利用数和函数的语言，介值定理最终可以表达成精确的数学语言。代价就是与原始版本相比，介值定理现在看起来不是那么显而易见的。事实上，最初人们认为介值定理根本不正确。如果以有理数（分数）作为基础数系，容易构造出这样的一个函数：当输入（自变量）取为 1 时，输出值（函数值）小于 0；当输入（自变量）取值为 2 时，输出值（函数值）大于 0。如 $f(x)=x^2-2$，但没有处于 1 ~ 2 之间的有理数使得函数值为 0。问题在于有理数自身是千疮百孔的对应出现于无理数的点上（见第 21 页）。对一个更大数系的需要迫在眉睫，这个数系并入了所有的无理数，是完整的没有漏洞的。

构造一个数系使得介值定理在这个数系上成立所付出的努力导致了实数的出现。在 1817 年，伯纳德·波尔查诺意识到实数允许他最终证明介值定理。这是实数分析中第一个伟大的定理，这一定理合并了几何和数论的概念。

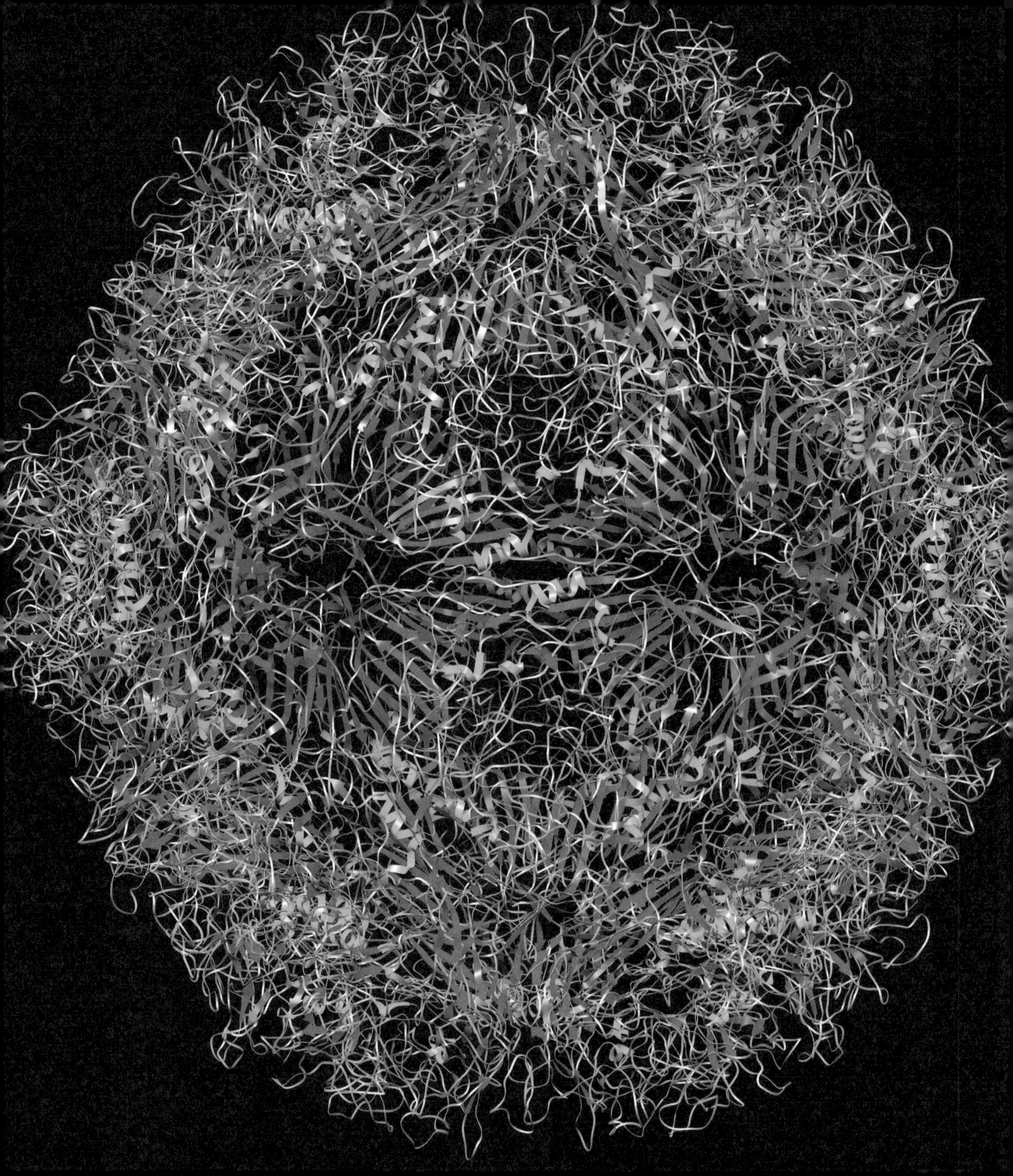

43 五次方程

突破：尼尔斯·阿贝尔利用由埃瓦里斯特·伽罗瓦发展的抽象对称的新理论，证明了不存在求解五次方程的简单运算步骤。

奠基者：尼尔斯·阿贝尔（1902年—1829年）、埃瓦里斯特·伽罗瓦（1811年—1832年）、保罗·鲁菲尼（1765年—1822年）。

影响：阿贝尔和伽罗瓦通过建立抽象的群论革新了代数理论。

人类首先掌握的数学知识是计数。其后我们进一步研究更为复杂的数学，开始解方程，解方程在当今数学仍旧占着重要的地位。求解更复杂方程，已经变成数学领域一个主要的推动力，在这个过程中没有什么工作比阿贝尔和伽罗瓦对五次方程的贡献更具有革命性。

求解一个方程，意味着从一些关于未知数（通常记为 x）所涉及的信息中找出它的取值。比如，一个矩形场地的总面积是800平方米，长是宽的2倍，那么宽是多少？

复杂方程

在16世纪的意大利，研究人员尽他们最大的努力去解决两类困难的方程——三次方程和四次方程。三次方程是指方程中未知数的最高次幂是3，即包含有 x^3（$x \times x \times x$）的项，四次方程是指包含未知数的最高次幂为四次的方程，即包含 x^4 项。这段时间是数学高速发展的一个时期。在卡尔达诺的巨著《大术》中，列出来一套完整的程序，运用它就可以求解任意的三次或四次方程（见第93页）。

很显然，数学家面临的下一个挑战是包含有 x^5 项的五次方程。但是当时几乎没有数学家认识到，五次方程后面隐含着更深刻的数学原理。不管怎样，大家都明白求解五次方程不是儿戏。三次方程的求根公式已经很复杂，四次方程的求根公式更是复杂难懂。毫无疑问，五次方程情况更糟，需要顶尖数学家坚持不懈的努力去破解它。莱昂哈德·欧拉曾经试图寻找一个求解任意的五次方程的普适方法，然而最终没有任何结果。18世纪

左图： 计算机模拟人类细小病毒，正如许多其他病毒，其外衣壳具有二十面体对称性，与五次方程的对称性密切相关。

中期，欧拉沮丧地说道：“所有试图去求解五次方程及更高阶方程一直没有成功，带来的却是痛楚，因此我们对于超过四次的方程不能给出其一般的求解根的方法。”

不可解方程

这种不能令人满意的状况一直持续到 1820 年，至于欧拉没有找到五次方程的求根公式的原因是五次方程本身就没有求根公式。二次和三次方程的求根公式包含了加、减、乘、除和开方这些最初等的运算方式，最后一个开方是降低幂指数。正如 3 的平方是 9 即 $9=3^2$，因此，3 是 9 的平方根，记作 $3=\sqrt{9}$。所有的幂指数都有与其对应的方根，正如 2 的 3 次方是 8，所以 8 的立方根是 2，记作 $2=\sqrt[3]{8}$，求解这些方程需要设计开方并不惊奇。

正如把一个正方形旋转 90° 之后，虽然每条边都互换了但整体上是不变的。

尼尔斯•阿贝尔发现不存在只涉及初等运算方法的五次方程的求根公式。意大利的保罗•鲁菲尼早在 20 年前就得到了相同的结论，他曾经像数学家展示他的一篇 500 页的论文，但是，经过仔细检查，数学家发现鲁菲尼论文中有一个致命的缺陷。另一方面，阿贝尔一篇短短 6 页的论文引起了他们的注意，这篇论文严格、完整、铿锵有力、令人信服。阿贝尔－鲁菲尼定理说明，一般的五次方程不能只用四则运算和开方运算去求解。他们的定理并没有说明五次方程为什么没有解。几年后，卡尔•弗里德里希• 高斯所证明的代数学基本定理证明了任意次方程都有与其次幂相同个数的根（见第 157 页）。困难在于怎么去找到这些根。

群论的诞生

为什么二次、三次、四次方程都有求根公式，而五次及其以上的方程却没有呢？不幸的是，阿贝尔生活贫困，疾病缠身的他还没有完成对这些问题的研究就去世了，年仅 26 岁。

埃瓦里斯特•伽罗瓦是另一个研究这个问题的人。伽罗瓦是一个天才数学家，同时也是一个革命者，因为政治煽动，他在巴黎被捕入狱。伽罗瓦奠定了群论的基础，群论将会改变 20 世纪整个代数学的面貌。

伽罗瓦意识到了一个非凡的事实——方程具有某种对称性，类似于正方形，比如把一个正方形旋转 90° ，虽然每条边都互换了，但整体上是不变的。方程的解同样可以相互置换，但是它所有的解是整体不变的。伽罗瓦观察到了这些方程具有对称性，系统化地阐释了为何五次以上的方程式没有公式解，而四次以下有公式解。伽罗瓦使用群论的想法去讨论方程式的可解性，整套想法现称为“伽罗瓦理论”，理论说明一个方程仅当它的对称群是“可解”时才有公式解。而五次方程的群是“不可解”。群的可解与不可解问题将是接下来几十年中代数的中心问题，但是，像阿贝尔一样，伽罗瓦没有见证到他所发起的数学革命。1832 年，伽罗瓦在一次几近自杀的秘密决斗中英年早逝。

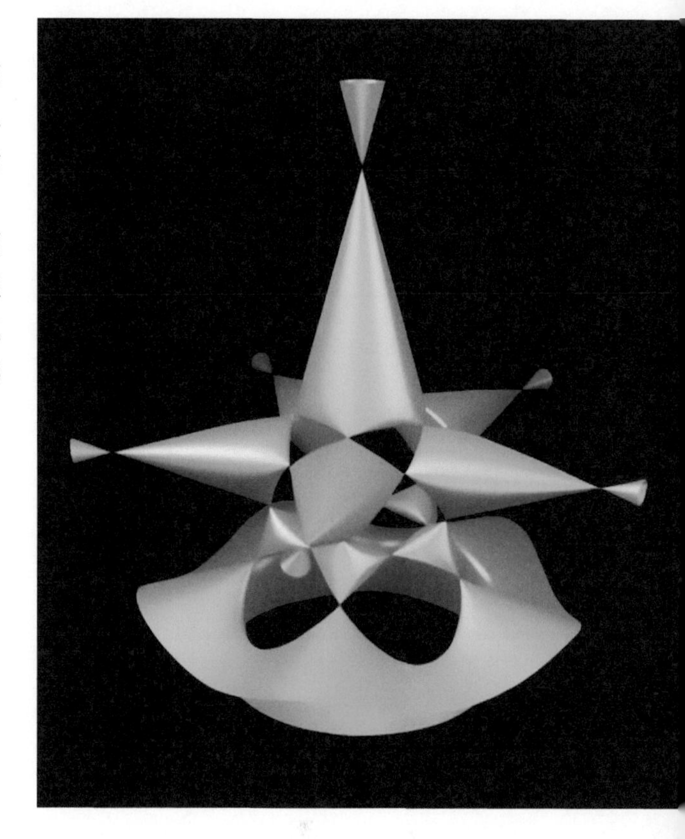

上图：上面这个像托钵僧似的图形是一个五次多项式曲面的例子，通过一个度为 5 的代数方程描述二维曲面。这个像托钵僧似的图形穿过本身在 31 个不同的位置，是五次多项式曲面中最多的。

44 纳维－斯托克斯方程

突破：纳维和斯托克斯推导出了描述流体力学运动的基本方程。

奠基者：克劳德·路易·纳维（1785 年—1836 年）乔治·斯托克斯（1819 年—1903 年）。

影响：纳维－斯托克斯方程在近代流体力学研究中占有重要的地位。至今这个学科中最大的问题是这个方程是否具有整体解。

17 世纪的科技革命，伽利略·伽利莱、艾萨克·牛顿和约翰内斯·开普勒确立了力学的基本原理，即固体间相互作用所遵从的规律。然而，气体和流体的运动规律是什么呢？苹果从树上竖直落在地上，但是当人们拔掉喷头时会观察到水流的运动是相当复杂的。水流的运动可由重要的、难以理解的纳维－斯托克斯方程所描述。

流体不能被忽略，流体环绕着我们，从吹遍全球的风到流淌在我们静脉里的血液，然而它们却非常难以描述。

流体力学的诞生

第一个开展严谨的数学流体力学研究的人是莱昂哈德·欧拉，时间大约在 1757 年。牛顿固体力学中的一个众所周知的基本原理是动量守恒。当两个或多个物体以及粒子碰撞时，系统的总动量保持不变（所有物体的速度与其质量乘积的总和表示系统的总动量），欧拉的方法是看单个粒子变得越来越小，它们的总数越来越多时对动量守恒定律的影响。这个过程的极限被称为“理想流体”。

为了描述理想流体，欧拉不得不把牛顿和莱布尼茨所发明的微积分提升到一个新的技术层面。他需要描述一个在三维空间的，各个方向都会有变化，同时会随时间变化的系统，由此得到的方程组是应用数学的一个里程碑——一次微积分学威力的成功展示。欧拉方程的一个致命缺陷是它并不能精确地描述现实世界中任何流体的运动。

左图：夏威夷火山国家公园中流动的熔岩。熔岩的黏性非常大，是水的 100 000 倍，但是两者的运动规律都可以由纳维－斯托克斯方程精确地描述。

上图：纹影照相显示早期设计的航天飞机在跨音速风洞测试期间，其周围空气的流动。空气动力学科学依赖于流体运动的数学研究。

稠性与黏性

类似于油和糖浆的液体是有黏性的，这意味着流体运动时，其内部存在着摩擦力，它会明显地减慢流体运动的速度。在日常术语中，黏性流体是稠的。虽然莱昂哈德·欧拉富有卓越的才华，但是他并没有考虑到流体黏性。其实即使是水也有一定的黏性（这就是为什么我们能在其中游泳）。这个遗漏导致欧拉方程对于现实流体运动的运动分析是无用的。

19 世纪两个理论学家独立地攻克欧拉方程应用到黏性流体的难题。法国的纳维以工程师开始了他的职业生涯，尤其是从事道路、铁路甚至桥梁，修筑桥梁的出色表现为他赢得了荣誉。作为一个修筑桥梁的好手，他得到一份在塞纳河上建立吊桥桥梁的合同，但是当局者不满意工程的花费，在桥梁完工之前就拆除了它。纳维对工程基础的物理学感兴趣，在 1822 年，结合流体黏性的一种新的表示方式，他推导出了欧拉方程的改进版本。不幸的是，他的数学推论并不怎么严格。

20 年后，斯托克斯能够提出新方程的准确推导，这个方程把牛顿定律发挥到了极限。出生于爱尔兰的斯托克斯同样是铁路和桥梁专家，在几次铁路事故之后，他成为英国政府的一个技术顾问。他也在光学和光的偏振邻域里取得了令人瞩目的成就。他是一位杰出的科学家。但是他最伟大的工作是流体动力学方程，他的有关黏性流体力学的结论恰好与纳维是一致的。

纳维 - 斯托克斯方程

纳维 - 斯托克斯的工作是流体力学的一座里程碑，在 20 世纪，随着流体力学学科的发展，它与科学技术的无数个领域交叉结合，从飞机的机翼绕流到穿越海洋的鲸鱼歌声。这个学科的理论核心是纳维 - 斯托克斯方程，它提供了对所有流体运动必须遵从的规律的完整描述。然而，令人惊讶的是，到目前为止，对于纳维 - 斯托克斯方程，没有人能够找到一个令人满意的数学解。虽然每一个流体运动都应该满足这些规律，数学家们能够描述的所有流体都遭受着同样的挫折——在某个点，流体破碎。数学到达一个不再描述一个物理现象的地步，无论是速度爆破失控、无限紧漩涡形成，还是其他不可能的现象发生。

在 20 世纪，随着流体力学学科的发展，它与科学技术的无数个领域交叉结合，从飞机的机翼绕流到穿越海洋的鲸鱼歌声。

至今已经一个多世纪，流体力学学科中最大的问题就是求解纳维 - 斯托克斯方程，这意味着找到一个完美光滑的流体似乎是可行的。当然它必须是黏性的，能满足纳维 - 斯托克斯方程。然而，也可能不存在这样的解，这是令人惊讶的启示，大量的计算机数值模拟表明纳维 - 斯托克斯方程对于现实的模拟是非常完美的。然而，这种可能性不能打折扣。在 2000 年，任何人成功完成克雷数学研究所的问题之一都能为自己赚得由他们提供的百万美元，其中纳维 - 斯托克斯方程就是千禧年问题之一。

45 曲率

突破：有几种方法可用来度量一个曲面的弯曲程度。高斯－博内定理表明，一个面的整体曲率是一个固定的数，即使这个面的形状发生了改变。

奠基者：卡尔・弗里德里希・高斯（1777 年—1855 年）、博内（1819 年—1892 年）。

影响：曲率分析对现代物理很重要，例如爱因斯坦的广义相对论理论。

自欧几里得以来，好几代几何学家已经对平面几何进行了研究，这是以平面上的直线和圆作为开始的几何。曲面几何是一个描述起来更为棘手的问题，可是为了物理学家可以应用，数学家需要理解并掌握曲线的弯曲程度。这个方向最重要的突破是由 19 世纪早期的卡尔・弗里德里希・高斯做出的。

站在一个球面上，不管是从哪个方向看它，曲面都以相同的形式面向观察者。可是，在某些方向，马鞍面却逐渐滑离你，但在其余方向它又弯向你。更不同的是圆柱，它是绕中心弯曲的，而沿它的长看，它又是完全平的。对于几何学家的挑战就是搞明白这些变化的意义。

高斯曲率

我们需要的是确定曲面种类和弯曲程度的一种方法。微积分（见第 125 页）的出现为几何学提供了必要的工具。但是，正如起初设想的那样，微积分只处理曲线问题而不是曲面问题。微积分可以赋予一条线一个数来准确描述这条线在某一点的倾斜程度。但是微积分能提供某种方法来度量二维曲面的曲率吗？这个答案是由数学史上最伟大的人物之一——卡尔・弗里德里希・高斯提供的。

左图：日本土岐市一处大型螺旋装置的管道，其内是强大磁场约束的高温等离子体，它们用以进行核聚变研究。

上图：位于堪培拉澳大利亚国家美术馆处的亨利·摩尔的山的拱形。各种不同曲率的表面一直都是雕塑家和建筑师以及数学家所感兴趣的。

高斯是一个神童，在 20 岁生日之前，他已经做出几个重要的发现，其中包括关于素数（见第 41 页）——一个高深定理和在一个古老问题——尺规作图（见第 186 页）上的一个重要进展。他对曲面的兴趣是在他人生的后一阶段。高斯把面想成是由曲线构成的。通过在曲面上取一个点，并分析通过此点的所有曲线，高斯能够提出一个数来度量曲面在这一点处的曲率。高斯曲率在像球面这样的图形上是一个正数。在球面上所有的曲线都以相同的曲率弯向球心。但在马鞍面上的点，高斯曲率却是负的。在一个圆柱面上，高斯曲率是零，与平面的高斯曲率一样。事实上零曲率面正是这些能展平的面。

高斯 - 博内定理

一个球面是一致的，每个点处的弯曲程度都是一样的。在许多方面，球面都是一个特殊的对称图形，在大部分曲面上，在各点处的曲率都不相同。似乎对这一弯曲程度的多样性没有一个限制，可能在一些点曲面是很陡的，而在其余点上曲面完全是平的。这一世界充满了曲面，从茶壶、灯泡到亨利·摩尔的雕塑。他的雕塑的曲度在各点处差异巨大。用专业术语来说，数学家认为曲率是一个局部现象，它描述一个图形的一小片区域的性质，而对整体结构则什么都不能体现。

在几何遥远的另一端，拓扑（见下册第 5 页）只考虑图形的整体性质。对于一个拓扑学家，重要的是一个图形的整体结构而不是每一小块区域的细节。拓扑学家认为两种图形是基本相同的，如果在不剪切、粘连的前提下，一个图形可以通过形变成为另一个。当然，这个形变的过程中可以改变在每点处的曲率。曲率和拓扑似乎是两个完全独立不相干的概念。可是在两种对立的分析图形方法之间，高斯发现了两者之间的内蕴关系。

虽然，曲率是局部定义的，但是高斯发现了一种对整个曲面上各点的曲率进行平均的方法。又一次，来自积分的使用工具，这次这一学科称为“定积分”（见第 46 页）。沿整个面对曲率进行积分可以得到一个数，这个数在某一方面可以描述图形。但是这个数实际上代表着什么呢？

沿整个图形对曲率积分意味着找到了整体曲率。准确地说，高斯发现这个数比在任意一个单点处的曲率要稳定得多，特别是，这个数不受拓扑形变的影响，即使曲面变化了，各点的曲率在振荡变化，可代表整体曲率的高斯数仍旧不变。

特别是，高斯注意到这个数与来自拓扑的熟悉对象——欧拉特征数关系密切。欧拉特征数来自于欧拉多面体公式（见第 150 页）。这个数只与面上的洞的个数和类型有关，高斯发现沿整个面的曲率积分正好等于 2π 乘以这个图形的欧拉特征数。

这一世界充满了曲面，从茶壶、灯泡到亨利·摩尔的雕塑。他的雕塑具有差异明显的曲率。

事实上高斯没有发表这一重要结果，直到后来别皮埃尔·博内重新发现和推广。高斯－博内定理在现代几何和物理中起着奠基性重要作用。理解曲率已经变得特别重要，因为在广义相对论中，重力被理解为时空的曲率。高斯－博内定理以其在高维空间中的推论对这一理解起着重要作用。

46 双曲几何

突破：一个崭新的几何形式，把对欧几里得平行公理数世纪的研究推向了顶峰。

奠基者：卡尔·弗里德里希·高斯（1777年—1855年）、尼古拉斯·伊万诺维奇·罗巴切夫斯基（1792年—1856年）。

影响：这一发现激起了对几何基本概念的彻底检修，现在双曲几何在数学和物理中起着关键作用，尤其是在相对论中。

欧几里得的《几何原本》是几何学中的一座里程碑，成为该学科的标准教科书长达两千年之久。但是即使是这样，它也没有包含对平面初等几何的完全定义性记述，仍有不完善的地方。位于《几何原本》正中心的那道难题多年来一直困挠着大量的思想家，在最终被3个19世纪的数学家同时解决之前，这就是平行公理的问题。它的解决是几何历史上的一场变革，就跟欧几里得自己的工作一样重要。

这一基本定律支撑着欧几里得几何体系。为什么《几何原本》能成为一本史无前例的著作，正是因为欧几里得一开始就明确地列出这五条公理，并作为起点。然后由这些公理出发，一步一步地建立起他的理论体系。

作为这一知识宏伟殿堂的基石，这五条基本定律称为“欧几里得公理”。前四条公理，没有一条是复杂的。它们分别规范了，当画在平面上时（即一张非常大的平的纸上），直线、圆以及角等众所周知的特征。第一条公理是说任取两点有且仅有一条直线通过这两点。第二条的内容是任一条直线都可以无限延伸。

左图：在巴哈马的安德罗斯岛拍摄的脑珊瑚照片。大部分珊瑚的表面都是双曲的而不是欧几里得几何学的。表面的负曲率造成了珊瑚的特殊的皱纹和脊。

欧几里得的平行公理

在欧几里得的五条公理中，平行公理是第五条，这也是问题最大的一条。当欧几里得第一次写下它时，这一困难就开始了。它显然比其他四条有更多的文字，且不够基本。

不久，欧几里得得到一个逻辑等价的且更简洁的叙述：过直线外一点，有且仅有一条直线与该直线平行（如果两条直线无限延伸而不会相交，则这两条直线就是相互平行的）。这样表述，平行公理似乎已经足够合理，可是这一公理在接下来的两千多年仍是富有争议的。

欧几里得几何中的平面是平的，而双曲几何的“平面”是弯曲的。事实上，双曲平面具有一个负的曲率。

这一公理不像其他 4 个简单公理那么基本，似乎是一个命题。平行公理真的是必需的吗？或者它实际上是多余的，可由前 4 个公理逻辑推出？在欧几里得 400 年后，天文学家托勒密写道：“他找到了平行公理的一个证明，即由其他 4 条公理逻辑推出。”如果他是正确的，平行公理将从欧几里得的著作的公理中移除，即而变成欧几里得几何的一个定理。但是托勒密是不正确的，以及后来试图证明这一结论的所有尝试都是错误的。多年来，形形色色的思想家进行了这一尝试，包括 11 世纪的波斯诗人欧玛尔·海亚姆，13 世纪波兰的哲学家维特洛，19 世纪数论专家阿德里安·马里·勒让德。所有这些证明的尝试都是失败的，通常这些证明中会不小心偷偷引入另一个隐含的假设，而这个假设经过认真审视，可看作是与平行公理逻辑等价的，这样的一个例子是平行线总是等距离的断言。

分水岭

直到 19 世纪中期，平行公理的身份才最终得以确立，同时也伴随着一门全新形式的几何发现，后来称为双曲几何。在这双曲几何中，欧几里得的前 4 条公理仍旧成立，但是平行公理不成立。这明确确立了平行公理与前四条公理是逻辑独立的。这一转折是由卡尔·弗里德里希· 高斯和尼古拉斯·伊万诺维奇·罗巴切夫斯基分别独立进行的。在双曲平面上，平行公理是不成立的：给定一条直线，已经直线外一点，通过这一点可以画许多条直线与已知直线平行。

弯曲的空间

波恩哈德·黎曼对这一新形式的几何有了充分的理解。黎曼是高斯的学生。他认为重新评估几何基础的时机已经成熟。黎曼注意到可用曲度来很好地刻画欧几里得几何和双曲几何的区别。欧几里得几何中的平面是平的，而双曲几何中的“平面”是弯曲的。事实上，双曲平面具有一个负的曲率。这样，在双曲几何中，三角形三内角之和小于 180° 。在欧

左图：双曲几何的发现在最近的 150 年为数不胜数的艺术家提供灵感。

几里得平面上任意三角形的三内角之和正好等于 180°，这是一个著名的事实。在《几何原本》中已证明，而且每代学生都需熟记。

也有曲率为正的面，最重要的一个例子是球面。在球面上，三角形三内角之和大于 180°，可是球是一个有限图形，所以不满足欧几里得的第二条公理，球对每条直线的长度有一个限制，这个限制由球的周长给出。欧几里得公理太严格不能用来处理这种新的几何中的推理（在这种情况下，指球的赤道）。所以，最终欧几里得的几何时代结束了，取而代之的是黎曼几何。在 20 世纪，黎曼和双曲几何继续在理解物质世界中担任着重要角色，尤其是在爱因斯坦的相对论中。

47 可作图数

突破：皮埃尔·旺策尔将这一尺规作图的古老几何问题转化为纯代数问题。

奠基者：皮埃尔·旺策尔（1814 年—1848 年）。

影响：皮埃尔·旺策尔的工作基本上对尺规作图问题画上了圆满的句号，包括那个化圆为方的大难题。

一条通往数学名誉的康庄大道是解决一个公开了数世纪的问题，这些问题难倒了前代最伟大的人物。在 1831 年，皮埃尔·旺策尔的有关可构造数的超有价值的分析，足够来解决这个学科最有名的问题，即与尺规作图有关的问题。

因为具有很长的数学史，尺规作图问题起源于古希腊帝国，那个时期的几何学家不仅对在理论上探究图形有兴趣，而且也对如何实际创造出它们感兴趣。最初，这是为了艺术和建筑的需要。但是不久，就变成纯是为了解决这一挑战性的问题。随着时间的流逝，数学家们逐渐认识到了他们在这些尺规作图上遇到的挫折给他们带来了大量的数学领悟，这在化圆为方的古老难题上再正确不过了，在对数 π 的探究中揭示了大量的数学理论。

经典问题

希腊几何学家决定根据一些简单准则来建立图形，只用最简单的工具——一把直尺和一副圆规，这把直尺没有刻度，所以只能用来画直线，不能用来测量长度（因此有时称作直尺和圆规作图），这副圆规用来画圆，但是只能定位一个已经画的长度。今天的学生仍学习如何用这些工具来平分线段或平分角。曾经有两个最初的尺规作图，一个比较复杂的尺规作图方法可以将线段三等分，即分成相等的三段。可是，怎么三等分一个角呢？数学家发现了各种各样的近似分法，这些分法足以满足几乎所有实际问题中三等分角的应用，但是，无人能找到一个三等分角的方法。证明这是一个谜，首次暗示了在

左图：日本的折纸艺术隐藏着数学。正如经典的尺规作图问题产生可作图数。所以可由折纸生成的数称为“折纸数”。事实证明，每一个都是，而折纸数不一定是可作图数。

上图:《牛顿》由威廉·布莱克在 1795 年绘制。牛顿正专注地用直尺和圆规作图，这是当时最有名的数学问题。

这个问题的背后很有深度。但是，如果一项任务可由尺规作图完成，而另一个又不能，这意味着什么呢？

另一个经典问题是“倍立方体问题”。这一问题起源于大约公元前 430 年的一个传说。为了战胜一场可怕的瘟疫，提洛岛的居民在阿波罗神殿寻求帮助。他们得到的一个指示是建一个新的祭坛，体积正好是原祭坛的 2 倍。起初，他们认为这应该很简单，通过加倍每条边就可以做到，但是，这样做将使祭坛的体积增加到 8 倍（因为这是能嵌入新正方体的小正方体的数目）。建造一个体积是原来祭坛体积两倍的正方体，边长需要增加到$\sqrt[3]{2}$倍（这是 2 的立方根，就像 2 本身是 8 的立方根一样）。

因此倍立方体的问题可以简化为：已知一条 1 单位长的线段，可以准确绘制长度恰好为$\sqrt[3]{2}$单位长的线段吗？

旺策尔的解构

生活在 19 世纪早期动荡的法国背景下，皮埃尔·旺策尔在大脑中对这些古老问题进行反复思考。他注意到很多尺规作图问题形式是一样的，实质都是给定一个 1 单位长的线段，其他哪些长度的线段可以作图？哪些又不能？如果一条长度为 X 的线段可以作图，则旺策尔认为 X 是一个可作图的数。不理会这些问题的几何来源，他致力于可作图的代数。一些结论是很明显的，比如若 a，b 可作图，则 $a+b$、$a-b$、$a\times b$ 和 $a\div b$ 都是可以作图的。但是这些运算并不能涵盖所有可作图数。旺策尔注意到平方根也是可以作图的，如 $\sqrt{a}$。

在 1837 年，旺策尔的伟大胜利来临了，他证明了能用尺规作图的所有数都必归结为加、减、乘、除和平方根的某一种组合。因为 $\sqrt[3]{2}$ 是立方根，不能通过这些代数运算得到，德利安人倍立方体的伟大抱负也是不可能实现的。类似的思想揭示了三等分角的不可能性。

在 1837 年，旺策尔的伟大胜利来临了，他证明了能用尺规作图的所有数都必归结为加、减、乘、除和平方根的某一种组合。

作为所有问题中最伟大的问题——化圆为方，这最后一部分直到 1882 年才落实下来，当费迪南德·冯·林德曼证明了 π 是一个超越数（见第 189 页），旺策尔的工作就暗示了 π 的不可作图性，化圆为方的不可能性也最终成立。

48 超越数

突破：超越数是不能通过对整数的加、减、乘、除等运算得到的数。第一个超越数是由刘维尔在 1844 年发现的。

奠基者：约瑟夫·刘维尔（1809 年—1882 年）、夏尔·埃尔米特（1822 年—1901 年）、格奥尔格·康托尔（1845 年—1918 年）。

影响：超越性是一个重要的话题，可今天仍未得到数论学家们的充分理解。

从毕达哥拉斯时代甚至更早，数学家们就已经知道了无理数。无理数是不能写成整数之比的那些数。但在 1844 年，约瑟夫·刘维尔发现了一种全新的数，甚至很难具体表示出来这种数，更甚的是它们完全不在整数所能表示的数的范围内。刘维尔的这种数不仅仅是无理的还是超越的。随着时间的迁移，对超越数的研究将会改变我们对数学的态度。

发现的第一个无理数是$\sqrt{2}$。喜帕索斯为此数的发现付出了很大的代价。不可能把无理数写成$\frac{a}{b}$这样的形式，其中 a 和 b 都是整数。可是，无理数可以轻而易举地用整数来描述。根据平方根的定义可知，$\sqrt{2}$就是那个乘以自身等于 2 的数。所以虽然$\sqrt{2}$是无理数，但它实际上相当接近整数——只有一步（乘法）之遥。

从毕达哥拉斯学派以来，数系经历了几次扩充。现在一般以复数域作为讨论数学问题的数字取值范围，以 i 为虚数的单位。看似 i 离我们熟悉的整数很遥远，事实上，i 只需一步运算就可以到达整数。因为 i 定义为 -1 的平方根$\sqrt{-1}$，所以类似于$\sqrt{2}$，只需乘以自身，i 就可以回到整数世界：$i\times i=-1$。

左图：中国西藏群山的彩色雷达图像。错综复杂的各种规模的图案，从最大的到最小的，很多自然地形在本质上是超越的，是不能轻易通过简单的代数方程建模。

刘维尔超越数

在 1844 年，法国数学家约瑟夫·刘维尔找到一种全新类型的数，这个数公然对抗数的任何简单描述。几年后，刘维尔明确构造出一个这样的数，一个小数位、一个小数位的给出：0.110001000000000000000000100⋯（构造形式上是这样的，在小数位 1，$2\times1=2$，$3\times2\times1=6$，$4\times3\times2\times1=24$，⋯的位置上是 1，其他小数位的位置上都是 0）。这似乎是一个精心的构造，但是刘维尔证明了关于这个数以及其他类似数的一些令人不安的东西。刘维尔的数不能用整数只通过普通的代数运算（加、减、乘和除）来表示。$\sqrt{2}$ 和 i 离整数只有一步之遥，而刘维尔的数却离整数有十万八千里。通过任意多的加、减、乘或除运算都不能把这些数带回到整数。刘维尔发现了第一个超越数。

超越数 e 和 π

刘维尔发现的超越数令人困惑。这些数是怎么回事，意味着什么？也许仅仅是因为好奇心而构造出来的。毕竟，刘维尔数根本不是那种你可以期望它能遁入科学探究的常规道路的对象。问题是，有没有自然产生的超越数的例子呢？或刘维尔的发现仅仅是数字的怪胎？

在刘维尔的离奇发现之后，超越理论突然居于数学的核心。

这个问题在 1873 年得到了一个圆满的答案，因为这一年夏尔·埃尔米特证明了欧拉数 e（见第 182 页）是超越的。在刘维尔的离奇发现之后，超越理论突然居于数学的核心。在 1882 年，费尔南德·冯·林德曼追随夏尔·埃尔米特的脚步用他的方法证明了更有名的数 π 也是超越数。这一突破足以解决数学最古老的难题之一——化圆为方（见第 186 页）。刘维尔的理论最终证实了这种构造的不可能性。

康托和计数超越数

在 1874 年，伴随格奥尔格·康托尔的工作，最为震撼的问题问世了。他举世闻名的定理建立了不同水平的无穷，一些无穷比另一些大（见下册第 9 页）。可是，令人震惊的是，康托尔证明了超越数计数的无穷，实际上比计量我们熟悉的非超越数即代数的无穷要大。更确切地叙述这一结论，就是几乎所有的数都是超越的。

这一理论让很多数学家感觉不安。代数数包括所有的整数和有理数，以及数学家们能考虑到的几乎所有数，除了埃尔米特和冯·林德曼的突破涉及的数 e 和 π。可是，康托尔证明了这些熟悉的代数数的总个数远远少于很难具体表示出来的超越数的总个数。康托尔的工作是一个彻底的提醒，数字领域有多大仍然是个谜。

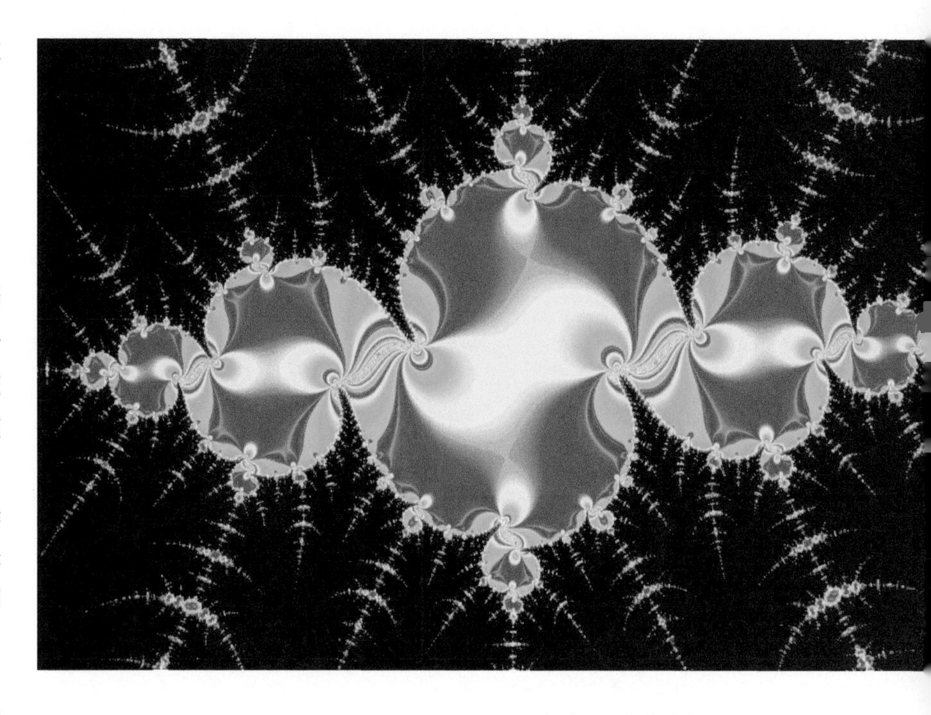

上图：一条曲线称为是超越的，如果这条曲线和一条直线相交无穷多次。在这种朱利亚分形的背景下，对角线将与灯饰的外轮廓线在无穷多个点处相交。在超越曲线几何和超越数理论之间有丰富的相互作用。

超越数和指数

在 20 世纪早期，这一事实很快就清楚了：数 e 不仅是超越的，而且也是整个超越现象的关键。超越数由最简单的代数运算——加、减、乘和除所定义。超越数是通过这些运算不能变为整数的那些数。所以超越数与这些常见运算的作用结果是很明确的，即仍是超越数。缺少的部分是超越数在指数运算（即幂运算）下将是如何表现的呢？

在 1900 年，戴维 • 希尔伯特在国际数学家大会上发表了有名的演讲，提到了这个问题。希尔伯特在提出的 23 个问题中的第 7 个问道：“什么时候一个数的另一不同数的次方是超越数。”在 1934 年，有了最初答案，由盖尔封特（Gelfond）和施奈德（Schneider）分别独立给出证明。在 20 世纪 60 年代末期，由艾伦 • 贝克对这一结论做了重要的推广。由于他们的工作，我们现在知道像$3^{\sqrt{2}}$、$3^{\sqrt{2}}\times 2^{\sqrt{3}}$这样的数是超越数。虽然有了这些研究成果，但是目前数学家仍然不能确定 e^e 和 $e+\pi$ 的身份。只知道 e^e 和 $e+\pi$ 这两个数中，至少有一个是超越数，似乎所有这样的数都有可能是超越的。但是，即使是在科技发达的今天，超越数仍是一个棘手的难题。

49 多胞形

突破：施莱夫利将柏拉图体理论推广到更高维的空间，对多胞形有一个完全分类。

奠基者：路德维希·施莱夫利（1814年—1895年）、艾丽西亚·布尔·斯托特（1860年—1940年）。

影响：虽然起初仅仅是对纯理论的兴趣，但是多维几何现在应用于整个数学和物理。

柏拉图体的分类是古代世界数学奇迹之一。在19世纪，路德维希·施莱夫利能够将这一分类仿真到高维空间奇特的新背景上。

柏拉图体的分类描述的是只有5种完全对称的三维图形，这些图形都是由平面和直线构成（见第29页，第8篇）。这一伟大定理本身就是一个向高维空间类推的事实。这一事实是在二维空间中，有无穷多种正多边形：等边三角形、正方形、正五边形、正十六边形等。在19世纪后期，瑞士的几何学家路德维希-施莱夫利考虑了一个新的问题：如果将这一相同的思路推广到四维空间，将会怎样呢？

探究四维

当然，施莱夫利遇到视野的限制，虽然他有一个聪慧的头脑，可是，就像居住在三维空间的居民那样，他不能看见高一维的空间。然而，数学家们去探究这类问题是完全合理的，并且，施莱夫利配置了做此事的装备，在这些装备中，第一个是坐标的概念。自从笛卡尔为几何介入了他著名的坐标系（见第121页），图形与数就变得难舍难分。欧几里得平面上的二维几何可由数对来表示，如（1，2），这两个数表示平面上一个点的位置。类似地，三元数组（1，2，3），表示三维空间中一个点的位置。所以，用同样的方法，四维空间几何能被当作四元数组（1，2，3，4）研究。所有通常的几何概念，如角度、长度和体积等，能轻松地推广到这个新领域。只有一件事不能直接带来，就是

左图：约翰·奥托·冯·施普雷克尔森设计了法国巴黎的拉德芳斯新凯旋门。新凯旋门外表像是一个四维的超立方体被投影到三维的空间中。

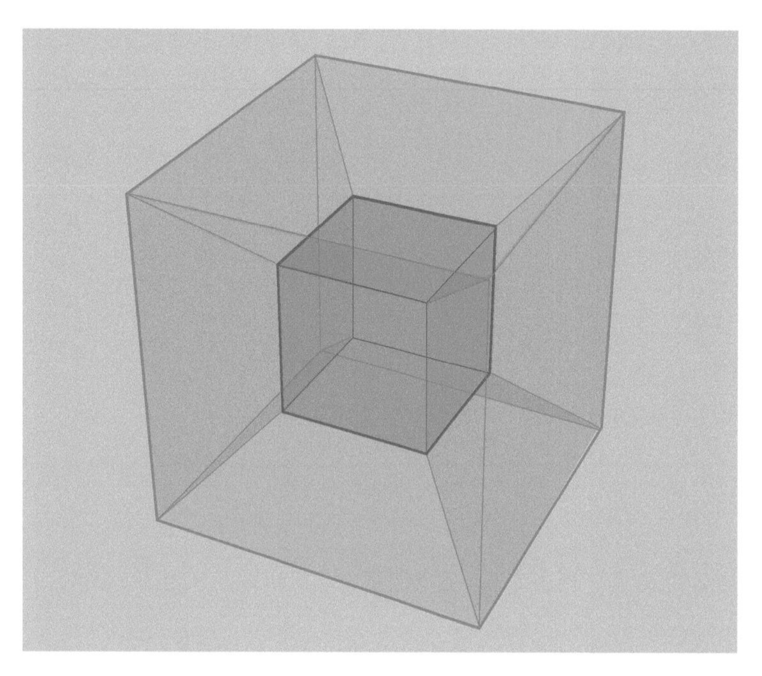

上图：一个四维超立方体投影到二维平面上，看起来像是一个普通的立方体，只是由一折叠在一起的六个正方形建成。所以超立方体由八个立方体折叠在一起。它们分别是在中心的1个，其周围的6个和外面的1个。

不能亲眼观看所发生的事件的能力。

柏拉图体是由二维多边形构成的。最熟悉的是立方体，由6个正方形折在一起构成。类似地，柏拉图体的四维构造——正多胞体，必是由柏拉图体构成的，例如超立方体，是由8个正方体折叠成的，但是，有没有其他的例子呢？

三种柏拉图体相当容易推广到高维空间，就像超立方体是立方体的兄长，正四面体有一个四维推广称为“超正四体”（或4-单形），它是由5个正四面体在四维空间中粘在一起构成的。另一种得到这个4-单形是考虑彼此等距离长的点3点，两两间的距离是相等的，生成一个等边三角形。类似地，等距离的4点构成一个正四面体。同类，等距离的5个点生成一个4-单体。

正八面体也能相当容易的推广到四维领域，只需看它顶点的坐标。通过做这些，施莱夫利揭示了超八面体（也称为4-正体）。

剩下的这两个柏拉图体就是比较棘手的东西——正十二面体和正二十面体。可是，独出心裁的施莱夫利发现了这两个的四维相似物。超十二面体是一个巨大的野兽，通过把120个正十二面体折叠在一起而得到，而超二十面体则用600个正四面体构成。发现泰阿泰德的古几何体的四维版本是一个巨大的成就。但是，施莱夫利面临的巨大问题是，除了这些，是否还存在其他的四维正则图形——在三维空间中没有等物的图形。施莱夫利确实找到了一个，“正二十四胞体”，它由24个正八面体折叠构成。

柏拉图多胞体

施莱夫利最伟大的成就在于证明了除了这六个柏拉图体是正多胞体形外，在四维空间没有其他的正多胞形。直到1852年，施莱夫利已经取得了四维空间相应理论。就像两千年前，泰阿泰德对三维空间所得到的理论那样。然后，施莱夫利把他的注意力转移到更高维空间：五、六、七、八维等。在每一个背景中，很容易构造出正四面体、立方体和正八面体的相似物，看到它们的坐标结果跃然眼前。所以，每一个空间都有自己的单体、超立方体和正体。但是，其他则不能这么容易地满足这一形式的图形——正十二面体、正二十面体（和它们的超级版本）和正二十四胞体。

所有通常的几何概念，如角度、长度和体积等，能轻松地推广到这个新领域。只有一件事不能直接带来，就是去亲眼观看所发生的事的能力。

施莱夫利可能曾期待当他探研越来越高维的空间时，他将会发现这些类似图形越来越多，柏拉图分类的陈述将变得越来越长，越来越困难。但是，这是施莱夫利最具洞察力的地方，他注意到在五维或更高维空间中，故事变得比三维或四维的情况更简单。没有反常的图形，没有二十面胞体或正二十四胞体的类似物。从五维空间只有 3 种柏拉图体：单胞体、超方体、正交形。

施莱夫利对高维空间几何的分析是人类推理的卓越成就之一，但是他的工作并没有得到应有的称赞。在 20 世纪早期，自学的数学奇才艾丽西亚·布尔·斯托特独自发现施莱夫利的很多工作成果，包括四维空间中 6 种柏拉图多胞体的分类。她的研究引起了欧洲几个数学家的兴趣。直到此时，施莱夫利的开创性工作在多维几何中才得到公正的认可。

50 黎曼采塔函数

突破：黎曼发现了一种新的方法用来分析素数，即从复分析的角度进行分析。他最主要的贡献是发现了“黎曼采塔函数”。

奠基者：波恩哈德·黎曼（1826 年—1866 年）。

影响：黎曼假设为我们描绘了一个最佳素数分布。但是，证明黎曼假设至今仍旧是数学界最大的挑战之一。

数论的目标是理解整数 1，2，3，4，5，6，等等。古希腊人很早就知道所有的整数都可以分解成素数的乘积。许多年来，数学家们也一直试图理解素数。在 1859 年，素数的研究取得了一个巨大的飞跃。

每一个整数显然都可以通过素数之积表示出来，例如非素数 6 等于 2×3。因为素数是数的最小组成部分，因此，理解素数就成了一个持久而进展缓慢的问题。许多最基本的问题至今都未能得到解决。其中一个最重要的问题是由波恩哈德·黎曼于 1859 年提出的。

素数个数

关于素数以及它们之间的间隙大小有许多研究方向。其中，一个非常重要的问题是由卡尔·弗里德里希·高斯所提出的：任意取一个数，例如 15 302 或 1 00 000，是否有一种快速的方法得出比它小的素数的个数。

从这一问题的答案中能够洞察素数在整个整数中是怎样分布的，其困难在于素数的分布是很难揣摩和预测的。解决高斯提出的问题对于研究素数的随机分布是非常有意义的。

左图： 通过克里斯·金的黎曼采塔观测器项目看到的黎曼采塔函数。设定在复数平面上，并且每个点的颜色表示该点处的采塔值。

年仅 15 岁的高斯就表现出惊人的数学洞察力。然而他对研究素数分布问题并没有太大的雄心壮志。他没有给出素数个数问题的精确答案，仅仅给了一个近似的答案。即如果你随便选取一个 1 到 1 000 000 的数，恰好是一个素数的可能性是多大，这是有可能的还是几乎不可能的？高斯觉得一个人在集合 { 1，2，3，…，n } 中，随机选一个数恰好是素数的可能性大约是$\frac{1}{\ln n}$（这里"ln$n$"的意思是数 n 的自然对数，见第 101 页）。事实上，比 1 000 000 小的素数有 78 498 个，但高斯给出的估计只有 72 382 个。

随着高斯对数学知识的积累，他对有关素数分布的估计也随之变得精确。他断言比 n 小的素数大约应该是 Li n。这里 Li n 表示整数 n 的自然对数的修正。这个新公式仍不能够精确地计算出素数的分布，但相关资料证实这一估计已经相当精确。例如，1 000 000= 78 628，只有一点点误差。然而高斯并没有给出一个能够使人信服的关于该估计的严格证明。

黎曼假设

19 世纪，几何学家波恩哈德·黎曼作为高斯的学生，同样思考了这个问题。令同行惊讶的是，黎曼发表的一篇题为《论小于给定数值的素数个数》的文章，这篇论文不再是估计，而是精确地回答了他老师的问题。这篇论文的核心就是令人无法相信的神采塔（这是黎曼自己选择的希腊字母 ζ）函数。这个函数的出现令人很是惊讶，它囊括了有关素数分布的大量信息。通过采塔函数的幂，黎曼找到了一个明确计算小于任意给定数的素数个数的公式。

而黎曼的突破在于，把采塔函数应用复数领域中，他发明一种新的、较复杂的技术使得它可以表示所有的素数次方。

其实，采塔函数并不是全新的。莱昂哈德·欧拉先前就已经认识到它的部分作用。而黎曼的突破在于，把采塔函数应用在复数领域中（见第 97 页），他发明了一种新的、较复杂的技术使得它可以表示所有素数的次方。

一个函数实际上就是先输入一个数，然后，再输出一个数的程序。一旦明白采塔函数输入、输出的都是复数这一奥妙，那么在黎曼关于素数的公式中，就不难理解某些输入的数字导致输出数为零的数的重要性。而这些特别的数即是黎曼公式的核心内容！但是为什么是这些特殊数字呢？这个问题非常容易提出，但答案却并不明朗。比如，将 -2，-4，-6 等任意一数字代入采塔函数中，其对应的结果均是零。但除此以外的其他数字代入采塔函数都不能保证输出结果为零。黎曼的结论是：所有使得采塔函数输出为零的数都位于复平面的一条直线上（即形式为$\frac{1}{2}+iy$的复数，这里 y 是任何实数）。后来，这条直线被称为"临界线"。

黎曼并没有给出这个问题的证明，他仅指出这一结果是“很有可能的”。于是，其他关注黎曼采塔函数问题的数学家们也都试图证明黎曼的这一假设——采塔函数的零点分布问题。然而，即便时至今日，仍有许多数学研究者在认真努力地想办法解决这一猜想。

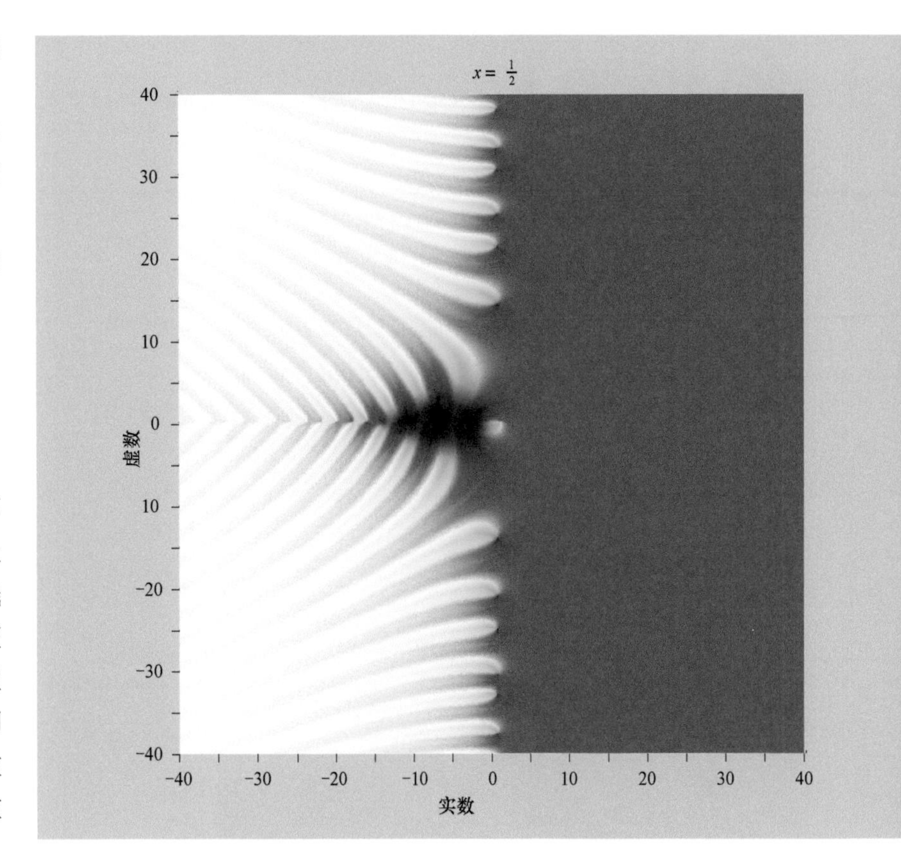

上图：复平面上的黎曼 zeta 函数。红色表示函数值为实数的自变量的取值范围，黑色的斑点表示函数的零点。非平凡（非负数）的零点沿着临界线 $x=\frac{1}{2}$。

素数定理

当然，在这方面的研究还是取得了不少进展。1896 年，雅克·阿达马和夏尔·让证明了采塔函数的零点分布包含在临界线周围的一定区域内。这个突破使得他们证明了高斯关于素数分布公式的正确性。但是，黎曼假设虽然已经过去了 150 年，却仍然没有得到证明。由于黎曼假设与素数的分布密切相关，因此它被广泛认为是数学中最重要的公开问题。

名词解释

（包含本书上、下册名词）

算法

一系列执行任务的指令。所有的计算机程序都是用某些语言写的算法。

算术

数与数之间进行加、减、乘、除的运算。

基数（Bases）

描述数字的一种方法，依赖于一些固定的数字。在十进制中基数是10。在二进制中基数是2，但是任意数值的基数都是有可能的。

二进制

一种只用0和1两个数码来表示数的方法。在二进制中基数是2，但是十进制是人们更熟悉的计数方法，它的基数是10。二进制是计算机系统使用的基本语言。

比特

Binary Digit的缩写，只有两种状态:0和1。在二进制中它是用来表示数字的字符串，或者传输或者存储信息。在计算机中，比特可以通过开关来存储。

微积分学

这门学科的目的是分析几何体系的变化。这两个分支分别是反映曲线的弯曲程度的积分学和计算曲线围成面积的微分学。

基数（Cardinal number）

刻画任意集合的大小。任一个有限集的基数与通常意义下的自然数0，1，2，3…一致。但是，对于无穷集，传统概念没有个数，而按基数概念，无穷集也有基数。

笛卡尔坐标

表示点在空间中的位置。坐标（2，3）表示这个点向右的距离是两个单位，向上的距离是三个单位。

混沌理论

一种兼具质性思考与量化分析的方法，用以探讨动态系统中无法用单一的数据关系，而必须用整体、连续的数据关系才能加以解释及预测的行为(有时候这被称为蝴蝶效应)。

复数

复数是指能写成实数加上虚数这种形式的数，比如$3+2i$或者$\pi+\sqrt{6}\,i$。所有复数组成的系统是最现代的数学的背景。

计算复杂性

指研究要花费计算机多少时间才能解决问题。这是计算机科学的主要部分。

圆锥曲线

椭圆、双曲线和抛物线是人们通常提到的圆锥曲线，因为它们都是用一个平面去截一个圆锥面得到的交线。这些都是除直线外最简单的曲线，并且在物理上它们描述了轨道体的旋转路径。

猜想

数学猜想是不知其真假的数学叙述，它被建议为真，暂时未被证明或反证。例如“abc猜想”和“黎曼猜想”。当猜想被证明后，它便会成为定理。

曲线

指一维的几何对象。曲线可以通过直线做各种扭曲得到。例如直线本身、圆和圆锥曲线都是曲线。

十进分数

十进分数是根据十进制的位值原则，把十进分数仿照整数的写法写成不带分母的形式，比如

3.141 592 653 589 79…这个点叫做小数点，小数点后的数字依次表示十分之一、百分之四、千分之一、万分之五等。

微分法

描述变化率。质点的位移对时间的一次微分表示速度，而质点的位移对时间的二次微分表示加速度。

丢番图方程

指有一个或者几个变量的整系数方程，它们的求解仅仅在整数范围内进行。著名的费马大定理和卡塔兰猜想都是丢番图方程的例子。对丢番图方程的研究是数论中一个主要的研究话题。

熵

描述数据流的不确定性。一个修正的硬币熵是 1，而两面硬币或者双尾硬币的熵是 0。

方程

表示两个表达式之间相等关系的一种等式。例如 $E=mc^2$ 和 1+1=2 都是方程。

指数函数

任意给定一个 x，就有一个相应的函数值 e^x。我们有公式 $e^x=1+x+\frac{x^2}{2}+\frac{x^3}{3\times2}+\frac{x^4}{4\times3\times2}+\cdots$。指数函数在分析复数和积分的时候起着重要的作用。

乘方

对于整数，乘方的结果叫作幂。我们需要更加有技术性的工作才能将上述概念应用到更大范围的数，这就涉及指数函数。

因子

一个整数的因子是指能够整除它的整数。例如，4 是 12 的一个因子（这是因为 4×3=12），但是 5 却不是 12 的因子。

阶乘

正整数阶乘指从 1 一直乘到所要求的数。例如所要求的数是 6，则阶乘式是 1×2×3×4×5×6，得到的积是 720，720 就是 6 的阶乘。所以 6！ =6×5×4×3×2×1=720。

分形

具有自相似性的形状或图案：放大图形，其局部形状又和整体形态相似，它们从整体到局部，都是自相似的。

集合

是代数上的一个概念，集合是把人们的直观的或思维中的某些确定的能够区分的对象汇合在一起，使之成为一个整体（或称为单体），这一整体就是集合。组成集合的那些对象称为这一集合的元素（或简称为元）。

阿拉伯数字

阿拉伯数字由 0，1，2，3，4，5，6，7，8，9 共 10 个计数符号组成。采取位值法，高位在左，低位在右，从左往右书写。现今国际通用数字，最初由印度人发明，后由阿拉伯人传向欧洲，之后再经欧洲人将其现代化。

虚数

虚数就是其平方是负数的数。所有的虚数都是复数。这种数有一个专门的符号“i”，它称为虚数单位，是 -1 的开方，即 $i=\sqrt{-1}$。所有的虚数都是 i 的组合，比如 $4i$ 或 $\sqrt{6}\,i$。

整数

一个整数，要么是正整数，要么是负整数或零：

…，−3，−2，−1，0，1，2，3，…

积分

积分是微分的反过程。对物体加速度进行积分就得到了物体的速度。用积分也可以计算几何形状的面积。

无理数

无理数，即非有理数之实数，不能写作两整数之比。若将它写成小数形式，小数点之后的数字有无限多个，并且不会循环。常见的无理数有$\sqrt{2}$，π 和 e。

对数

如果 2 的 3 次方等于 8，那么数 3 叫作以 2 为底 8 的对数（logarithm），记作 $3=\log_2 8$。其中，2 叫作对数的底数，8 叫作真数，3 叫作“以 2 为底 8 的对数”。

矩阵

在数学中，矩阵（Matrix）是指纵横排列的二维数据表格，如$\begin{pmatrix}1&0\\0&1\end{pmatrix}$（行和列的数目可能会有所不同）。矩阵的最基本运算包括矩阵加（减）法，数乘和转置运算。

纳什均衡

所谓纳什均衡，指的是参与人的这样一种策略组合，在该策略组合上，任何参与人单独改变策略都不会得到好处。换句话说，如果在一个策略组合上，当所有其他人都不改变策略时，没有人会改变自己的策略，则该策略组合就是一个纳什均衡。

负数

小于零的数称为负数，负数用负号“-”和一个正数标记，如“-4”，代表的就是 4 的相反数。如果正数 4 可能代表利润，那么就 -4 表示相应的债务。

NP 完全问题

一个任务如果可以快速验证（在多项式时间内），但不一定快速解答，那么这个问题就是 NP 问题，即多项式复杂程度的非确定性问题。而如果任何一个 NP 问题都能通过一个多项式时间算法转换为某个 NP 问题，那么这个 NP 问题就称为 NP 完全问题。NP 完全问题也叫作 NPC 问题。

数论

数论就是指研究整数性质的一门理论。数论的两个主要的研究对象是素数和丢番图方程。

悖论

悖论指在逻辑上可以推导出互相矛盾之结论，但表面上又能自圆其说的命题或理论体系。典型的例子是“这句话是错的”。（一些所谓的悖论仅仅是人们理解认识不够深刻正确或非常意外的情况。）

完全数

完全数，又称完美数或完备数，是一些特殊的自然数。它所有的真因子（即除了自身以外的约数）的和（即因子函数），恰好等于它本身。如果一个数恰好等于它的因子之和，则称该数为“完全数”。一个例子是 6，因为它的真因子是 1，2 和 3，而 $1+2+3=6$。

π

圆周率，一般以 π 来表示，定义为圆形之周长与直径之比。π 精确值不能表示为分数或小数，因为它是一个无理数。但它的近似值为 3.141 592 653 589…。

位值制记数法

位值制即每个数码所表示的数值，不仅取决于这个数码本身，而且取决于它在记数中所处的位置。比如在十进位值制中，同样是一个数码“7”，放在个位上表示 7，放在十位上就表示 70（7×10）。

柏拉图立体

最对称的多面体。一共有五种：正四面体、正六面体、正八面体、正十二面体、正二十面体。

多边形

数学用语，由三条或三条以上的线段首尾顺次连接所组成的封闭图形叫作多边形。常见的例子包括矩形和三角形。正多边形是一个边长和角都是相同的多边形。例子包括正方形和等边三角形。

多面体

多面体是指四个或四个以上多边形所围成的立体，典型例子就是正方体。最对称的多面体是柏拉图立体。

多项式

在数学中，多项式是指由未知量（通常表示为 x）、系数以及它们之间的加、减、乘、指数（正整数次）运算得到的表达式，如 x^2-2x+1。根是让多项式的值等于零的未知量，在这个多项式中，$x=1$。

多胞形

多胞形是一类由平的边界构成的几何对象。多胞形可以存在于任意维中。多边形（如正方形）为二维多胞形，多面体（如立方体）为三维多胞形，也可以延伸到三维以上的空间，如多胞体即为四维多胞形。

幂

指乘方运算的结果。如“4的5次幂”（写作 4^5），就是将5个4相乘得到的结果：$4\times4\times4\times4\times4$。

素数

一个大于1的自然数，如果除了1和它自身外，不能被其他自然数整除的数；（除0以外）否则称为合数 。7是素数，而8不是素数，因为 $2\times4=8$。

概率

概率衡量一个事件发生的可能性。概率位于0和1之间。不可能事件的概率是0，确定性事件概率为1，抛硬币时，正面和反面出现的概率均是0.5。

证明

在数学上，证明是在一个特定的公理系统中，根据一定的规则或标准，由公理和定理推导出某些命题的过程。证明是将真相从猜想（或不知情的猜测）中提炼出来的手段。

二次方程式

二次方程是一种整式方程，其未知项（x）的最高次数是2（表示为 x^2 或 $x\times x$）。例如，$x^2-6x+9=0$，它的解是 $x=3$，即 $3^2-6\times3+9=0$。

量子力学

量子力学是研究微观粒子运动规律的物理学分支学科。量子力学对决定状态的物理量不能给出确定的预言，只能给出物理量取值的概率。

实数

实数包括有理数和无理数。其中无理数就是无限不循环小数，有理数就包括整数和分数。例如，2，$-3\frac{1}{4}$，π 和 $\sqrt{2}$。任何实数可以写成一个十进制数(可能是无限小数)。实数集也被称为实直线。

相对论

相对论是关于时空和引力的基本理论。相对论有一个最基本的假定就是“光速不变定律”。即光相对于任何运动或静止的物体来说，光速都是不变的。广义相对论还考虑重力的影响。

直角三角形

直角三角形有一个角是直角(90°)。毕达哥拉斯定理描述了直角三角形的一个重要性质。

环

环是一种代数结构，环中的元素可以进行加法、减法和乘法运算。最著名的例子是整数集。

根式

乘方运算的反过程。比如16的平方根是4，表示为 $\sqrt{16}=4$。81的四次方根式3，表示为 $\sqrt[4]{81}=3$。

尺规作图

古希腊的几何学家认为可以通过使用没有标记的直尺和圆规来解决几何问题。用这些工具，可以将线段分成相同的两部分，但有些问题无法解决，最有名的是化圆为方问题。

集合论

集合论或集论是研究集合（由一堆抽象物件构成的整体）的数学理论。集合论的核心问题是比较两个任意集合的大小。为此，在比较无限集大小时我们引入了“基数”的概念。

奇点

奇点（奇异点）是一个在传统几何

中不存在的点。例如，光滑曲面上的尖点。

时空

四维空间包括三维空间和时间维度。时空是相对论研究的中心对象。

表面

一个二维几何对象，在每个小的区域看起来像一块扁平的二维平面。常见的例子包括球面、环面和平面。

三段论

三段论推理是演绎推理中的一种简单推理判断。它包含：一个一般性的原则（大前提），一个附属于前面大前提的特殊化陈述（小前提），以及由此引申出的特殊化陈述符合一般性原则的结论。如著名的“苏格拉底三段论推理”：

所有的人都是要死的，

苏格拉底是人，

所以苏格拉底是要死的。

对称性

一种改变形状的方式，让它看起来和原先一样相同，例如对一个正方形，旋转 90°。对称性可以反射（即镜像对称性）、旋转、平移（即滑动）或它们的任意组合。

定理

在数学里，定理是指在既有命题的基础上证明出来的命题。产生有趣的定理是数学研究的主要目标。

拓扑结构

在拓扑中，两个几何形状被认为是相同的，如果将其中一个拉伸或弯曲成另外一个形状。

超越数

超越数是不能满足任何整系数代数方程的实数，包括加法、减法、乘法和除法（不包括除以本身得到 1）。超越数包括 π 和 e。

三角函数

三角函数是分析三角形的角度和边长的一系列技术。三个主要的概念是正弦、余弦和正切，都是将直角三角形的内角和它的两个边长度的比值相关联。

图灵机

所谓的图灵机就是指一个抽象的机器，是阿兰·图灵用来分析算法的一种抽象的计算模型。任何计算机在本质上都相当于一个通用图灵机。

波形

一个曲线在每一个周期中重复，用于构建如声、光等物理波的模型。数学家的最喜欢的是正弦波。